モンブラン
¥263

ン
63

地元菓子

若菜晃子

とんぼの本

新潮社

はじめに

子どもの頃から、なにかをじっと観察することが好きだったが、思えばお菓子もその対象のひとつだった。長じてのちもその癖は直らず、気がつけばいつもお菓子の前に立ち尽くしている。

甘くやさしい味のお菓子は無論食べることも好きだが、それ以上に国や地域や風土によってさまざまに姿を変えることがたまらなくおもしろい。そして旅に出ると、どんな町にもお菓子屋さんだけは必ずあるのを見るたびに、人間とはかくもお菓子が好きな生きものなのかと実感する。そこにはかの地に生きる人々の喜びがあり、寂しさがあり、おかしみがあり、愛情がある。

あってもなくてもいいものなのに、これほどまでに人々に愛されるお菓子。それは食べものという意味を超えて、いつのときも心を豊かに、あたたかくしてくれる存在だからだろう。

本書で取り上げたお菓子は、私が実際に旅したなかで出会ったもので、各地に存在するお菓子のごくわずかな一部にしかすぎない。けれども旅人の目で見て、驚き、愉快で、おいしく、心に残ったものだけを集めた。そしてそれらを分類し、見開きごとに読めるように配置した。お菓子の箱を開けて、好きなお菓子を選ぶときのように、好きなページを開けて、楽しんでいただけたらと思う。

そして、この本をご覧になられた方が、いつかかの地を旅して、地元ならではのお菓子に出会って下されば、本当に嬉しい。

目次

はじめに……4
地元菓子の謎……6
ばっかりのまち……14
東京近郊｜酒まん街道
愛知県一色｜えびせん街道
静岡県島田｜小饅頭
千葉県銚子｜木の葉パン
インパクトお菓子……20
雪形お菓子……24
うさぎ二題……26
すてきな地元菓子司……28
半田／弘前／大津／水戸／桑名／鎌倉
遠近の飴……34
飴屋の木造建築／東西南北飴の国
カタパンを訪ねて……38
一枚のメモ／集まれ全国のカタパン
神戸舶来菓子からの使者……48
東京ドイツ菓子の店
おかしなまち……54
松本／水戸／弘前
餅の旅……60
九州日向路　餅街道
四国の柏餅／高知朝市
けいらんについて／もちのまち
門前の餅／峠の餅川越の餅
みんなのおやつ……86
買い食い図鑑／地方出身女子の甘い記憶
炭酸煎餅の思い出／集まれ地元の袋菓子
いつもの町にいつものお菓子……94
四国のお嫁入り菓子……96
地元で人気の全国引き菓子
お供え菓子の世界……100
おかしなたび……102
岡崎／栃尾
木の実草の実のお菓子……110
青春18きっぷと栃の実／一覧／ぎんなんと立山
エッセイ◇お菓子の友……42
お菓子の縁……118
お店一覧……125

ところ変われば お菓子も変わる

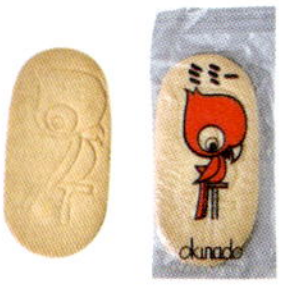

旅の途上で出会った 地元菓子の謎

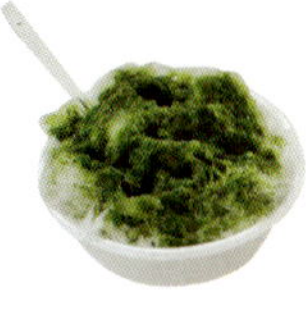

謎2 青森から能登、バターせんべい伝播の謎

バターせんべいとは、小麦粉にバターと塩を加えて焼いた煎餅である。岩手の南部煎餅にバターが入ったものと考えればよいが、大きさはもっと小さく薄い。そして胡麻、落花生、昆布などが表面についている。古くからあるこのバターせんべいは作られている地域が限られており、知るところでは青森と能登半島の輪島にしかない。しかしこれだけ距離の離れた地で、忽然と似たような煎餅が出現するのはなぜだろうか。

ひとつには北前船の影響が考えられる。江戸から明治期に日本海を航行した廻船は積荷とともに多くの異文化を運んだが、このときに津軽煎餅の製法と味が半島の町に定着したのかもしれない。輪島にはやきつけといって、小麦粉に砂糖と水を入れた種を油で軽く焼いたおやつもあった。もっともバターは明治以降の食材なので、独自に発達したとも考えられる。

謎1 東北の袋菓子にみるかりんとう好きの謎

東北の人はかりんとうが大好きである。青森、秋田、山形、岩手、宮城。地元スーパーのお菓子売り場には必ず地元メーカーによる地元かりんとうが並んでいる。

それらは一般にいう棒状の黒砂糖がけのかりんとうではなく、たいてい薄いぺらぺらの四角い揚げ菓子である。胡麻入りが多く、味は甘いがお砂糖がけではなく、小麦粉生地にお砂糖が練りこまれており、軽い食感だが、お腹はいっぱいになる。

思うに、厳しい気候風土の東北では昔からお米は貴重なものであった。日常的には麦や雑穀を食べていたはずで、お菓子に高価なお砂糖と油を使うこと自体が贅沢であり、かりんとうはその代表格だったのではないだろうか。今はどんなお菓子も瞬時に手に入る時代だが、地方の津々浦々ではこうした昔ながらのお菓子文化が細々と残っているように思う。

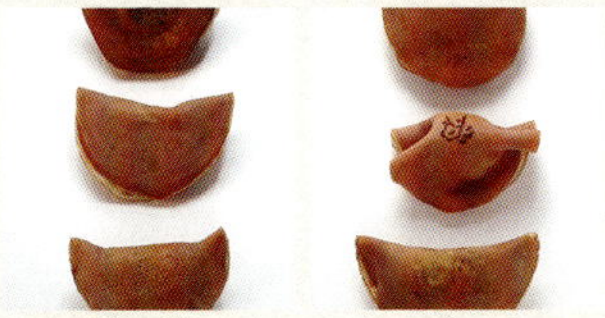

謎3 新潟に多い、中花の謎

新潟はいろいろと限定ものの多い県である。このどら焼きの皮1枚を半分に折ったような、見ようによっては猫の顔のような、中花なるお菓子も他県ではほとんど見かけない。中はつぶあんで、皮は粉とお砂糖と卵の薄焼きで、味はいわゆるどら焼きの味である。多くは中花と表記されるが、中華、中皮、中香、中カ、千代華とさまざまな変化を遂げている。もっとも日本の和菓子界では、小麦粉とお砂糖と卵を合わせた生地を中花と呼ぶので、名前はここから来ているのだろうが、新潟になぜ多いかはわからない（他には北海道にも多いようだ）。

見ていると、新潟ではほどら焼きはほとんどない。中花がどら焼きの代わりなのだろう。新潟の人は、ひとつのものが流行るとみなが模倣をする県民性があるように思う。そして名前だけを微妙に変えて、それぞれに楽しんでいるようにみえる。

謎4 北陸羽二重文化の謎

羽二重とはきめの細かい上等な絹布のことで、これに似た、白くやわらかく上品なお餅を羽二重餅という。福井県には明治期から羽二重の織元があり、これに伴って福井に羽二重餅というお菓子ができた。餅米を蒸して、お砂糖と水飴を入れて練り上げたもので、あんなしでもうっすらと甘く、はんなりとしたお菓子である。

このやわらかなお餅を好むのは福井だけでなく、石川、滋賀、京都などにも共通している。

石川では羽二重にくるみを加えたものや、羽二重でようかんを包んだもの（羽二重に対し綸子餅という）など、アレンジもされている。またこれが京の方に上ると、あんを包むことが多くなる。

いずれにせよ、そのやわらかな食感とほのかな甘みを楽しむお菓子で、北陸に色濃く残る京文化の流れを汲んでいると思われる。

謎5 冬に食べる水ようかんの謎

冷たいのどごしの水ようかんは夏の風物詩だが、冬に食べるのが定番の地方もある。

有名なのは福井県で、丁稚ようかんの名で知られている。名の由来は、丁稚奉公に出る子どもに持たせたとも、反対に丁稚に出した子どもが藪入りに帰るときに持たされたとも、また煮詰まらない半人前のようかんであることからともいわれる。非常にやわらかく、へらですくって食べる水ようかんである。

他にも敦賀、岐阜の中津川、新潟の直江津、栃尾、埼玉県の秩父などでも冬に水ようかんを食べる風習がある。お正月の祝い菓子として定着していることも多く、総じてやわらかく、水っぽいのが特徴だ。暖かい部屋でアイスクリームを食べるのと同じように、こたつに入って食べる水ようかんはおいしい。水ようかんは傷みやすいので、寒い冬の方が日持ちがするという理由もあるのだろう。

地元菓子の謎

謎7 関東はなぜ伊勢屋の謎

関東の町を歩いていて不思議に思うのは、甘味屋に伊勢屋なる屋号が多いことだ。東京はもちろん、関東6県に伊勢屋のない県はないと思われる。伊勢屋というグループ企業に属している店もあるようだが、基本的にはそれぞれに、こぢんまりと地域で営業している。置いているものはたいてい、みたらし、あんなどのおだんごに、おいなり、海苔巻などの軽食、桜餅や草餅などの季節の和菓子である。なかには店内でラーメンなどを出す店もある。

この伊勢屋の名称は、江戸に進出した伊勢商人が出身地を屋号につけたのが始まりと考えられ、当時江戸の町には伊勢屋が溢れ返っていたといわれる。大阪の堺商人、滋賀の近江商人と並んで、さまざまな商売を繁盛させていったのだろう。そのため関西圏で伊勢屋はほとんどみかけない。代わりに多いのは力餅食堂というチェーンである。

謎8 静岡のお菓子簡易包装の謎

お菓子を買うきっかけは、おいしい中身はもちろんのこと、夢のある包装も大切な要素のひとつである。美しい包装紙、凝った化粧箱やレトロな絵柄の缶、いずれも食べた後も捨てられない、嬉しくも困ったおまけである。ときには箱が欲しくてお菓子を買ってしまう失態を演じるほど、その魔力は強い。

しかし静岡のお菓子は違う。かわいい包装紙を丹念にとると、突然なんの装飾もない白いボール紙の箱が登場する。そのあまりのそっけなさに面食らうが、中身はもちろんきちんと入っている。

一概にはいえないが、静岡のお菓子はこうした華美な装飾を排した質実剛健たる包装が多いように思う。それはおそらく徳川家康公の倹約の教えに基づく県民性ではないだろうか。たしかにこうした箱なら心おきなく畳んで捨ててしまえる。さっぱりしたものだ。

謎6 長野松本平 欧風煎餅の謎

長野県の松本周辺に行くとよく見かけるのが、瓦煎餅にクリームをサンドした欧風煎餅といわれるものである。アルプス山麓の人たちは和風のお菓子より、こうした少しハイカラな洋風菓子を好むのだろうか。

多数の欧風煎餅を製造している安曇野市穂高に本社のある小宮山製菓に聞くと、湿気が少なく、水のきれいな松本平の気候風土は昔からお菓子作りに向いており、お菓子のメーカーが多く、いろいろなお菓子が作られてきたからではないかという。加えて特異な事情として、戦後甘いものがない時代、安曇野には瓦煎餅の小さな店が7～8軒あり、近隣の人が畑でとれた小麦粉を持参して瓦煎餅に焼いてもらうことがあったそうだ。

そんな小さな歴史とお菓子作りに向いた土地柄が重なって、欧風煎餅は松本平の人たちにおいしいお菓子として受け入れられてきたようだ。

謎9 東海地方における あんこ愛の謎

東海地方、特に愛知県の町に行くと、いつも目の当たりにするのが、あんこ愛の強さである。高級和菓子はいうに及ばず、庶民的なレベルでもあんこ文化は生活に深く浸透している。たとえばトーストにはあんこを塗る、塗るだけでなくあんこをはさんで揚げる、ホットケーキには小倉あんをかける、おやつの定番はおしるこ味のクラッカー、スーパーでは山盛りの生あんをトレイにのせて販売……なぜこんなにも甘いあんこが好きなのであろうか。

そもそも名古屋はお茶が盛んなところであり、和菓子も多く作られるため、あんを使ったものが広く好まれるのではないかと、愛知の菓子工業組合では答えてくれた。確かにお茶の盛んな京都、金沢、松江にもおいしい和菓子は多い。しかしあんこ愛はこれほど強くないように見受けられるのだが。謎は深まるばかりである。

謎10 愛知の棹菓子文化の謎

特に愛知に、というわけではないのかもしれないが、愛知の和菓子店には比較的棹菓子が多いように思われる。これは名古屋銘菓のういろうが棹になって売られているから、そのように見えるのだろうか。しかしういろうも、もとは大きな蒸籠で蒸して、それを糸で正方形や三角形に切って経木などにくるんで売っていたもので、それでは日持ちがしないため、今のようにパック包装がされるようになった。同じようにして棹菓子も、生菓子を棹にして、少しでももたせるようにしてあるのだ。愛知の和菓子店で聞くと、この方法も上り羊羹を作った桔梗屋の流れを汲む美濃忠が考案したものだという。

日持ちのしない生菓子を棹物にすることによって、少しでも長くおいしく食べてもらいたい。そこには、愛知の和菓子職人のお菓子に対する愛情が現れているようにも思う。

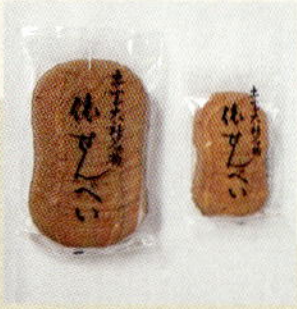

謎12 西日本のお煎餅は玉子煎餅の謎

これも不思議な伝統である。大別して、東日本にはお米のお煎餅が多く、西日本には小麦粉の玉子煎餅が多い。特に玉子煎餅エリアとして顕著なのは、和歌山、兵庫、島根、鳥取である。

和歌山には名所旧跡の焼き印を押した玉子煎餅が多く、兵庫は神戸の瓦煎餅がその代表格であり、そして島根、鳥取の玉子煎餅の特徴は、表面につけられた生姜砂糖である。

また、島根にはお煎餅の形自体を俵形や扇形などに変えたものも多い。生姜砂糖を使うのは、島根の出西に良質の生姜の産地があるためだろう。生姜の風味がよく、軽い薄焼き煎餅のおいしさを引きたたせている。

玉子煎餅はお砂糖と玉子を使う比較的新しいお菓子で、歴史的にみてもそうした新しい文化が流入されやすく、材料も手に入りやすい関西から西日本にかけて、早くから玉子煎餅が広まったと思われる。

謎11 三重にもある餅街道の謎

本書でも九州日向灘に面したお餅エリアを紹介しているが(62頁参照)、三重にもさまざまなお餅が連なる街道筋がある。こちらはお伊勢参りの人々が通った参宮街道で、古くは旅人たちに供されたであろう茶屋の餅である。

一例を挙げると、桑名の安永餅に始まり、津のけいらん（74頁参照)、松阪のさわ餅、宮川のへんば餅（83頁参照)、伊勢門前の赤福などである。

どのお餅もそれぞれに特色があり、味も違って興味深い。なによりも、その場でしか味わえない、作りたてのお餅のおいしさがそこにはある。

いうまでもなく、東海道もこうした餅街道であり、多くのお餅の店が江戸から京都まで続いている。おそらく日本全国に、さまざまな特色あるお餅が連なる地域があるだろう。そうした地域にもぜひ足を踏み入れてみたいものだ。

謎13 広島バターケーキの謎

広島にはバターケーキあるいはバターカステラなるお菓子があって、隠れた定番になっている。丸またはリング状で、なんの変哲もないケーキの台のように見える。食べてみると、きめの細かいパウンドケーキなのだが、呼び名も古めかしく、他にはないお菓子である。

始まりは40年ほど前に、あるカステラの人気店に作り方を聞いた和菓子店がこれをアレンジしてバターカステラとして売り出し、ヒットしたのだという。広島では以前からもみじまんじゅうなどのスポンジ系のお菓子があり、人々に好まれたため、より受け入れられたと思われる。

ちなみにお隣岡山にも『広栄堂武田』にバターバーなるお菓子がある。こちらは50年ほど前、まだ洋菓子が珍しかった頃、当時岡山で人気店だったジャーマンベーカリーに教わったもので、発祥はまったく別。今なお人気のお菓子だという。

謎14 徳島のういろうの謎

ういろうとは基本的に米粉とお砂糖を混ぜて蒸したもので、むっちりとした食感が好まれるお菓子である。小田原、名古屋、伊勢、山口などが有名であるが、四国の徳島もじつは隠れたういろう地域である。

徳島ではういろと呼ばれ、古くからひな祭りのお菓子として作られてきた。小豆のこしあんを米粉（餅粉が入るときも）と黒砂糖あるいはざらめあるいは和三盆糖を混ぜて練り、蒸して作る。形に特徴があり、棒状でゆるやかな山形をしている。この形は他の地域のひな菓子にも見られ、古くからのひな菓子に共通の形に思われる。今ではふだんからおやつとして食べられているが、もともと節句菓子だったこともあって、他のういろう地域によくある四角あるいは三角形の大きなういろはみられない。またさまざまな味の変化もなく、小豆だけである。ういろようかんと呼ぶこともある。

謎15 長崎から愛知へ。一口香の謎

長崎には一口香《いっこうこう》というお菓子がある。外皮が固い小麦粉で、中が空洞、内側に溶けた黒砂糖がついている、丸く、平たい不思議なお菓子である。

お隣佐賀にも逸口香と書くお菓子があり、大きさや焼き加減は少し違うが、同じものである。

そしてほぼ同じお菓子が四国の宇和島にもある。名前は唐饅頭といい、中が柚子あんになっている。

さらに愛知県の常滑にも一口香がある。形は小さく、一口サイズだが、お菓子の作りは同じで、外が小麦粉の皮、内側が空洞で黒砂糖がついている。

この一風変わったお菓子は、江戸時代に中国から伝わったと考えられているが、地域が離れているのが気になるところ。しかしいずれの町も共通点は海に面していること。船で来た中国人から教わり、少し奥まった土地ゆえお菓子も残ってきたというのが、現実的な線だろうか。

飯能にはみたらしがけの串だんご状の酒まんがあり、青梅と同じ。秩父では麹が発酵する＝すが入るの意で、酒まんを「すまんじゅう」と呼ぶお店も。

ばっかりのまち

旅していると出会う、ばっかりのまち
歴史と風土を反映した同じお菓子を愛すまち

東京近郊 酒まん街道

丸くへんぺいな形の酒まんじゅう。少し黄色みを帯びた白い皮の中にはあんこが入っていて、顔を寄せるとふんわり酒麹の香りがする。東京の八王子から先は、そんな酒まんじゅうの一大エリアである。

酒まんエリアの町に共通するのは、古くから稲作ではなく畑作の土地柄だったこと。山がちでお米がとれない代わりに小麦を育て、お祭りなどのハレの日に家庭でおまんじゅうを作って楽しむ文化が、山ひとつ隔てた町から町へ、人から人へと伝播していったようだ。

昔は家庭の味だったが、お店で買うお菓子になった今も、手作りのおいしさは変わらない。もはやおなじみのおやつとして人々の暮らしに入りこんでいる酒まんじゅうを訪ねて旅するのも楽しい。

立川　中央本線　新宿へ▶

歴史からいえば上野原や相模原が長いが、八王子も一大酒まんエリアである。酒まんはもとは夏の食べもので、おやつというより、お彼岸やお盆に食べる特別な食べものだった。家庭で作るときは大量に作り、近所に分けたり、お客様にふるまったり、お土産に持たせたりしたという。ここで酒まん作りをおさらいしておくと、①米と麹と水を混ぜて酒種を発酵させる②酒種に小麦粉を混ぜてこねて発酵させる③生地であんを包みしばらく置いてから蒸かす④冷ます、という手順である。それぞれの配合具合や発酵時間によって味は変わってくる。今では家庭で作ることはほとんどないようだ。八王子ではあんはつぶあんが主流。衣をつけて揚げた揚げまんじゅうもおいしい。市内には『諏訪まんじゅう』などの専門店の他、和菓子店でも扱っている。

相模原の下九沢周辺も古くから畑作地域で、冠婚葬祭の集まりには家庭で酒まんじゅうをたくさん作って出したり、おみやげに持たせたりする習慣があった。今では家庭で作らなくなったが、店にまとめて注文する家もある。中はつぶしあんで、固くなったら少し焼いて食べるとおいしい。麹を発酵させて作る昔ながらの製法を守るお店もある。

横浜線　町田　横浜へ▲

青梅の各店では焼いた酒まんにみたらしをかけて販売。固くなった酒まんにも使える技。

五日市の秋川流域も酒まんじゅう作りが盛んである。街道沿いの和菓子店には必ず置いている。あんはつぶあんが多い。

上野原は酒まんの町として知られるが、酒まんがあるのはその先鳥沢の手前まで。甲府は米作地帯のためだ。上野原は甲州街道の宿場町だったので旅人に供する店も増えたと思われる。つぶあんの他、塩あん、みそあんがある。お砂糖が貴重品だった昔は、塩あんがふつうで、今でも塩あんにお砂糖をつけて食べるお年寄りもいるとか。

八王子手前の京王線長沼にも古くから酒まんを作る店がある。やや小さめのおまんじゅう

八王子の先、高尾山の登山口にある酒まんじゅう店ではふかしたてのおいしさを味わえる。

津久井は山がちでお米がとれず、食生活は昔から麦中心でうどんが主食だったほど。酒まん作りも盛んだが、時期は麹が発酵する5月から10月限定。昔はどの家でも作っていたという。

横浜と厚木の分岐点の橋本でも酒まんじゅうは定番。あんはつぶしあんとみそあんの2種がある。

極上小花は薄くても
えび味が濃い。犬塚❸

青山の海老桜は
えびの味が濃い❺

半生タイプの花丸は
地元好み。富士見屋❷

ばっかりの
まち

愛知県一色
えびせん街道

伊勢湾と三河湾に漁場をもち、地元の海で獲れるえびを使ったえびせんべいを、百年以上前から町じゅうで作り続けているのが愛知県の一色町である。

　地元一色漁港で水揚げされるえびはアカシャエビ、シロシャエビといって、以前は魚の競りとは別にえびの競りが行われるほど、漁獲量が多かったという。現在は減少したものの、地元のえびせんメーカーは今もそれらのえびを買い求め、生のまま、あるいは冷凍にしてえびせんに

海苔巻きは技術と
経験を要する。犬塚❸

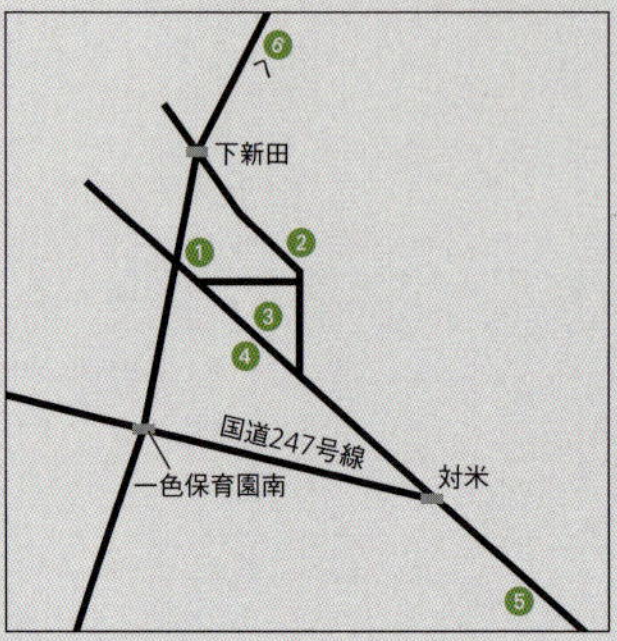

定番の白い菊花丸は
人気商品。丸源❶

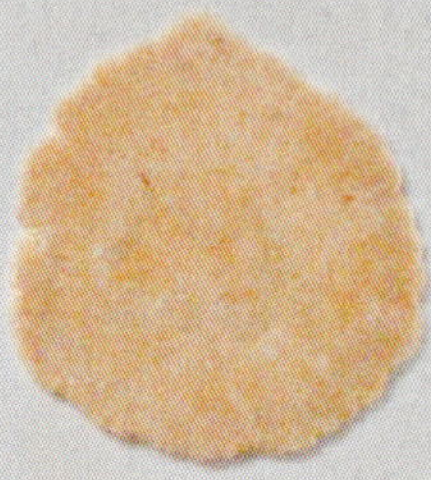

花丸にたまり醤油を
つける人も。丸政❹

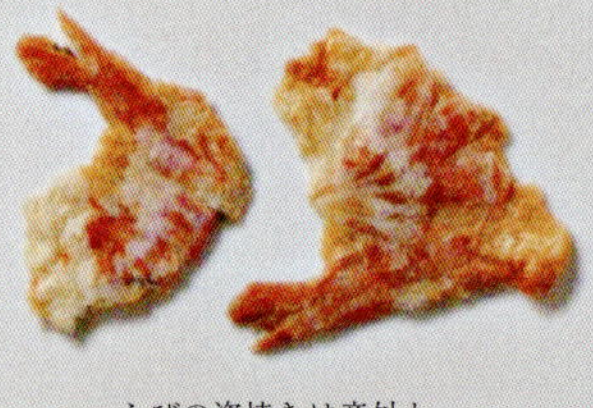

えびの姿焼きは意外と
珍しい。吉香❻

丸源では量り売りも。
写真はこがね❶

いろんな味の入った
お好み袋もある。青山❺

使っている。

　えびせんの作り方は、えびの殻と背わたを一匹ずつ手作業で取り、剝いたえびをミンチ状にして練り、手で少しずつ鉄板に置き、プレスして数分間焼くのが基本。機械化しているとはいえ、ほとんどが手作業である。

　なかには殻の食感を楽しむえびせんもあるが、高級なえびせんは必ず背わたまで取る。さらにえびせんは薄い方が上等なのだという。えびが少なく粉が多いとふくらみ、えびが多いとふくらまないからだ。おせんべいの名前は大きい丸を花丸、小さい丸を小花と呼び、どこのお店でもたいてい作っている。

　えびせんを食べ続けてきた地元の人はおせんべいの色を見ただけでえびのよしあしがわかるという。筋金入りのえび好きのため、えびの風味の残った半生タイプを好み、揚げたフライタイプは好まないそうだ。お年寄りのなかには、ごはんのおかずが足りないと、えびせんにたまり醤油をつけて食べたりもして、もはやおやつというよりも、欠かせない食になっている。

ぱりっとした食感が
持ち味のかおり。吉香❻

たまにはアーモンドの
変わり味も。青山❺

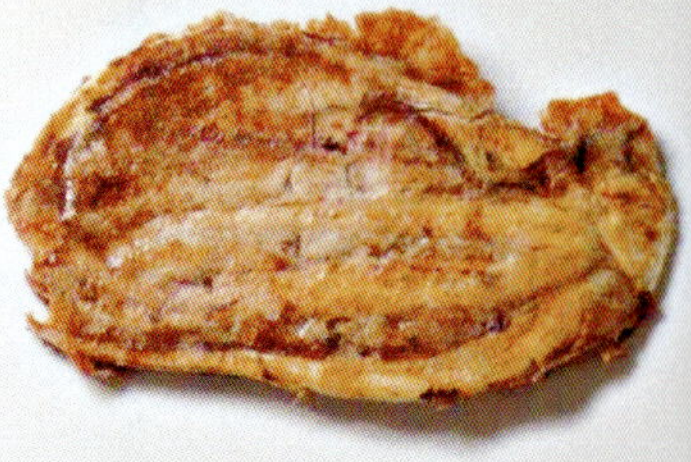
お好み袋にはいかげそも
入っている。青山❺

上品な色の半生にしきも
おいしい。丸源❶

えびではなく、いかせんべい
もある。犬塚❸

袋入りのえびせん、
つまみ(地図外)

定番えび小花には
たまり醤油味も。丸源❶

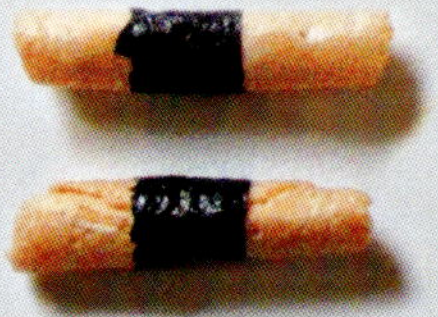
焼いた後ふやかして
海苔を巻く。青山❺

青山の小花では白菊が
いちばんえびが多い❺

特上花丸は背わたも
とった高級品。青山❺

静岡県島田
小饅頭

東海道の宿場であった島田の小饅頭は、江戸時代から三百年続く名物である。その由来は、老舗清水屋の酒饅頭があるとき松江の松平不昧公の目にとまり、一口で食べられるようにするとよいと助言を受けたことから、今の形になったという。どのお店も手作りで甘さ控えめ、上品な味なので、ぱくぱくと一度に10個くらい平気で食べてしまう。地元の人はそれぞれに贔屓があって、聞くと必ず教えてくれる。ふだんから食べていて、なにかというとあげたりもらったりして喜んでいるそうだ。

皮が固めで丸くかわいい形。あんこ入りのごく素朴な小麦まんじゅうである。昔ながらの町の小さなお菓子屋さんといったたたずまいが感じよい。ばら売りあり。こしあん。直径約3cm。七丁目清水屋❻

唯一のつぶあんで、味も他のお店よりも甘く、パンチがある。川越まんじゅうなど、他にもいろいろなおまんじゅうを作っている、にぎやかなお店。ばら売りあり。つぶあん。直径約3cm。中村菓子舗❺

平たい形が多いなかで、丸く高さがある。皮はふわふわ、酒種の味がしておいしい。関西で食べる酒まんじゅうの味。他にも薄い玉子煎餅や洋菓子も人気。ばら売りあり。こしあん。直径約3.2cm。稲葉屋❹

照りのある薄皮で、小さく、なかではいちばん繊細なおまんじゅう。皮の味に特徴がある。他にも島田の定番みそまんじゅうや洋菓子も扱う。14個から販売。こしあん。直径約3cm。みのや❸

やわらかく品のよい、お酒の香りのするまんじゅう。地元の人にも人気が高く、ひっきりなしにお客さんが訪れ、大箱で買っていく。他にみそまんじゅうなど。ばら売りあり。こしあん。直径約3cm。龍月堂❷

小饅頭の老舗の正統派酒まんじゅう。日が経つと固くなるのもその証。固くなったら蒸すか焼くか揚げるとよいと赤い袋の裏書きにあり。他に黒奴も大人気。9個から販売。こしあん。直径約4cm。清水屋❶

＊駅周辺には他に宝家がある❼
(定休日により購入できず)

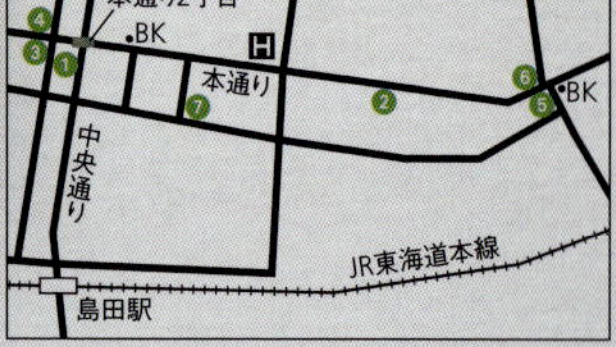

「銚子の人は昔から食べてましたよ。特に男の人がね、俺はこれで育ったようなもんだとか言って、懐かしがって買いますね。バターをサンドして食べる人もいますよ」徳屋❽

「伊東製菓は駅から遠いので植田屋で売っています。他のお店のよりややわらかくてふわふわ。銚子は海と川に挟まれて風が抜けるので冬は寒いところなんですよ」伊東製菓（植田屋❾でも販売）

「クッキーはバター、木の葉パンは卵が多いんです。口に含んでいるとスーッと溶けるので、赤ちゃんの離乳期にもいい。今も古いガラスケースに入れて売っています」つる弁菓子舗❶

「木の葉パンは古くからあるお菓子ですね。今はどんどん新しいお菓子ができますけど、昔の味が食べたいと言う方もいて、バターケーキというクッキーも復活させました」藤村ベーカリー❷

「木の葉パンはふつうに食べますね。お腹が減ったときに。日持ちはしますが、だんだん固くなってくるので、そうするとお年寄りは牛乳をかけたりして食べてますね」たか倉❸

千葉県銚子
木の葉パン

関東の町には小麦粉を使った地元菓子が多い。前出（14頁）の酒まんじゅう、高崎の焼きまんじゅう、桐生の花ぱんなどで、小麦が多くとれた土地柄を反映している。銚子の木の葉パンもそのひとつ。粉と卵とお砂糖だけのシンプルな焼き菓子だが、それだけに各店で味が異なる。木の葉形の理由は定かではないが、単純にしてかわいい形が愛されてきたのだろう。銚子は電車も車もない時代、利根川を高瀬舟で遡って江戸に物資を運ぶ積替港として栄えた町である。

「赤ちゃんの離乳食にもいいんです。赤ちゃんは喉が細いでしょう、これはやわらかくてすぐ溶けるから、えずかなくて（つかえなくて）いいとお年寄りはよく言いますね」堀井製菓❼

「90年以上木の葉パンを作っています。舌の肥えた今の人にも食べてもらえるように、味もどんどん改良して独自の味にしています」タムラパン（銚子セレクト市場❹でも販売）

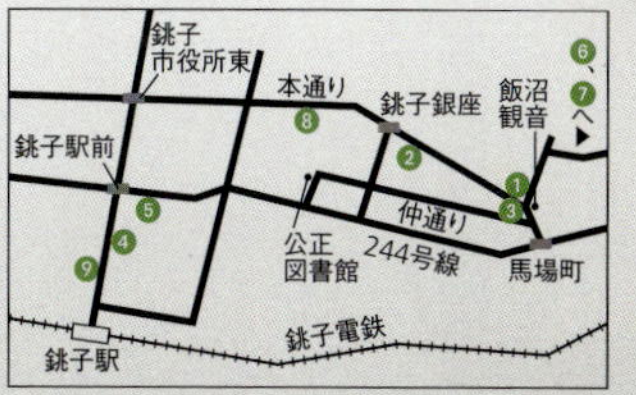

「昔はこのあたりが東銀座といって町の中心でした。木の葉パンは一斗缶にいっぱい作って、大砲ビンに入れて一枚いくらで売ったんですよ。今も子どものおやつですね」宮内本店❻

「昔からあるものは簡素なものが多い。そうでないと長い間残っていきませんものね。銚子は少し奥まっているから、こうしたお菓子がよく残ったんじゃないでしょうか」山口製菓舗❺

インパクトお菓子

地元では定番お菓子でも旅人には衝撃の一品

赤い九曜紋の描かれた貫禄充分の箱を開けると、出でましたるは九曜紋をかたどった茶色いチョコレート饅頭。すっきり味で大小9個ぺろり。加賀菓子処御朱印(石川県小松)

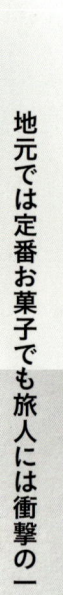

お餅なのにせんべい?と戸惑うが、ういろうと同じ米粉のお餅でほんのり甘みがある。もちもち好きの愛知県民に愛される味。しゃれた包装もポイント。総本家田中屋(愛知県半田)

この穴は製造過程でできる空気の穴かなにかだろうかと思い尋ねると、「デザインです」とひとこと。中に1本ようかんが入っていて食べ応え満点。松浦軒本舗（岐阜県恵那）

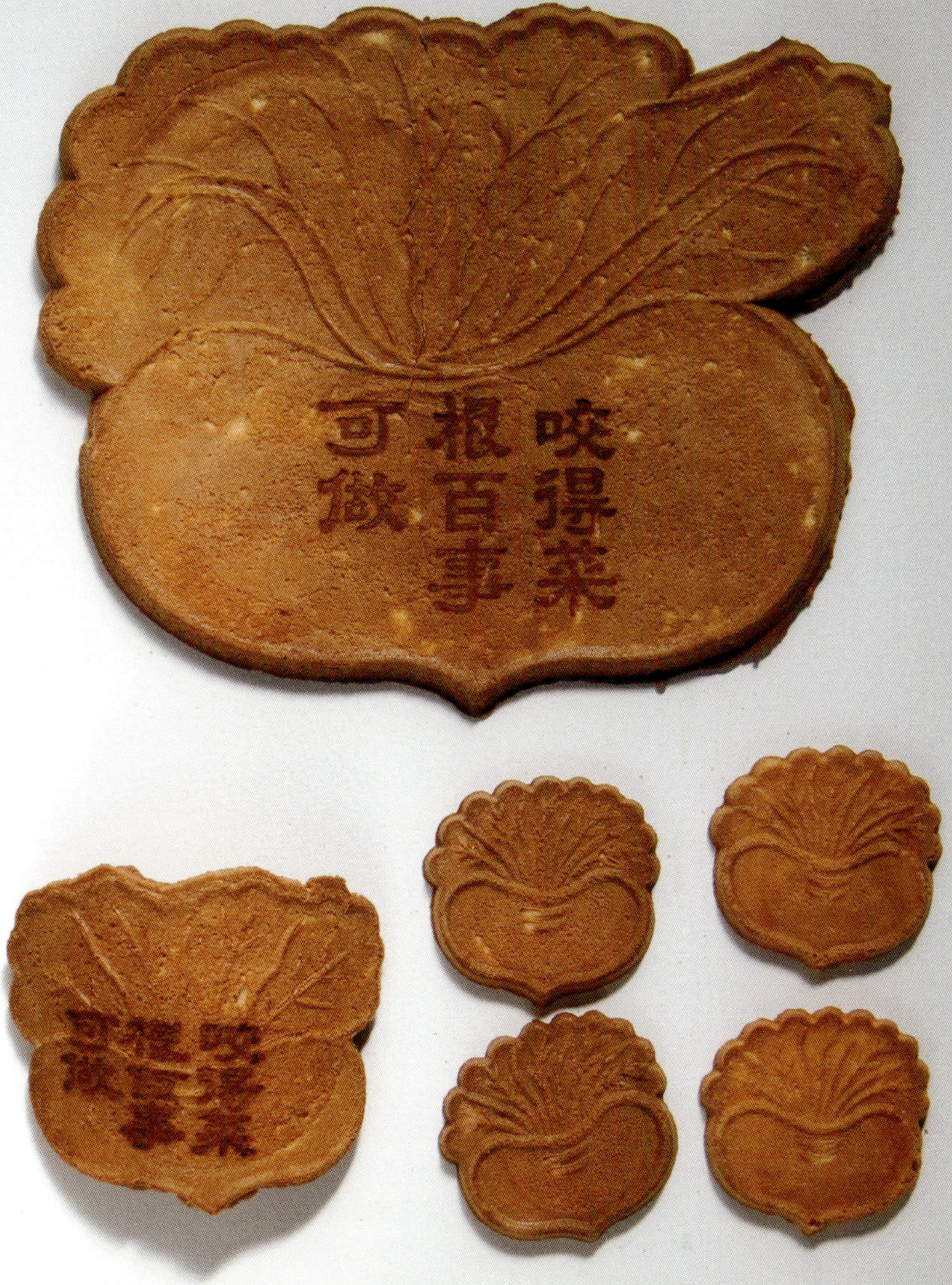

「根菜を食べていれば百事かなうべし」。『菜根譚』の書名のもととなった一節が刻まれたおせんべい。桑名で敬われる松平定信公の説いた節約勤勉の教えをかみしめて食べたい。かぶら煎餅本舗(三重県桑名)

雪形お菓子

雪深い地方では、雪は冬の日常。
生活するのは大変であっても、
その美しさを愛してもいるようで、
小さな白いお砂糖菓子には
その思いがこめられている

新潟県長岡❁むつの花

降り積もった粉雪がぽそりと崩れたような食感のお菓子。越路の白雪を餅粉とお砂糖で表し、口溶けもよく甘く素朴な味わい。その名の由来は、雪の結晶はすべて六角形をしているため。山岡屋

新潟県上越❁六華《むつのはな》

雪国の人々の生活を克明に記録した鈴木牧之の『北越雪譜』に描かれている雪の結晶図をもとにした打ち菓子。どれも美しく、食べるのが惜しいほど。ゆっくりと溶け、和三盆糖の甘さも楽しめる。大杉屋惣兵衛

岐阜県岐阜❁雪たる満

愛らしい雪だるまの形をしたメレンゲ菓子。卵白の味のする、昔ながらのメレンゲで、食べるのを躊躇するほどかわいいが、口に入れるとあっという間に溶けてなくなってしまう。形違いの都鳥もある。奈良屋本店

宮城県仙台❁霜ばしら

雪深い蔵王の麓で冬の時期だけ作られる飴菓子。本当の霜柱を口に入れるとこうだろうと思わせる口溶け感で、甘すぎずおいしい飴。雪を掘るように、らくがん粉から掘り出すのも楽しい。九重本舗玉澤

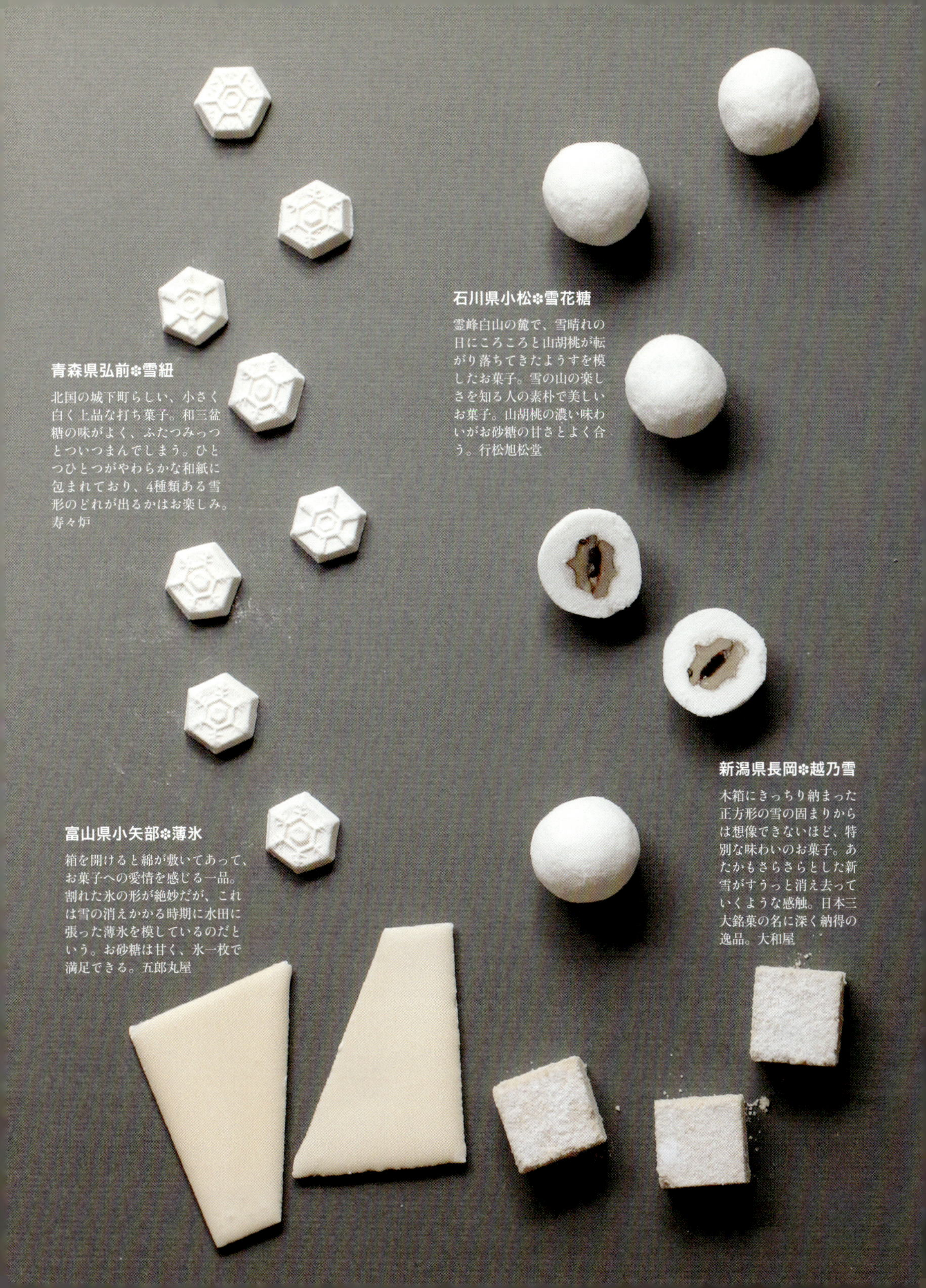

青森県弘前✿雪紐

北国の城下町らしい、小さく白く上品な打ち菓子。和三盆糖の味がよく、ふたつみっつとついつまんでしまう。ひとつひとつがやわらかな和紙に包まれており、4種類ある雪形のどれが出るかはお楽しみ。寿々炉

石川県小松✿雪花糖

霊峰白山の麓で、雪晴れの日にころころと山胡桃が転がり落ちてきたようすを模したお菓子。雪の山の楽しさを知る人の素朴で美しいお菓子。山胡桃の濃い味わいがお砂糖の甘さとよく合う。行松旭松堂

新潟県長岡✿越乃雪

木箱にきっちり納まった正方形の雪の固まりからは想像できないほど、特別な味わいのお菓子。あたかもさらさらとした新雪がすうっと消え去っていくような感触。日本三大銘菓の名に深く納得の逸品。大和屋

富山県小矢部✿薄氷

箱を開けると綿が敷いてあって、お菓子への愛情を感じる一品。割れた氷の形が絶妙だが、これは雪の消えかかる時期に水田に張った薄氷を模しているのだという。お砂糖は甘く、氷一枚で満足できる。五郎丸屋

新潟県弥彦 **玉兎**

うさぎ二題

おやひこさま、ごめんなさい

むかしむかし、越後の国においでになった弥彦《やひこ》の神様は、里人たちに塩を作ることや田畑を耕すことをお教えになりました。里人たちは教えに従って一生懸命働きましたので、浜では塩がとれ、田畑には作物が実り、人々は喜んでおりました。

すると今度は困ったことに、弥彦の山にすんでいるたくさんのうさぎたちが里へ下りてきて、人々の田畑を荒らすようになってしまいました。

うさぎの行状に困り果てた里人たちが、神様にそのことを申し上げたところ、神様は山のうさぎたちを御前に全部集められ、人々の田畑を荒らすことのないよう、お諭しになりました。うさぎたちはすっかりおそれいり、涙を流して謝りましたので、神様はうさぎたちをお許しになり、山へ返してやりました。

それ以来、うさぎが田畑を荒らすことがまったくなくなりましたので、里人たちは喜び、神様のご威徳に感謝して、うさぎたちが神様の前で丸くかしこまっている姿を米の粉で形作って献上しました。すると神様はこれを喜び、「良幸餅（うさちもち）」と名づけられました。

弥彦の神様は今も新潟県の弥彦山に鎮座しておられ、里の人々からは「いやひこさま」「おやひこさま」と呼ばれ、敬われています。かしこまった丸いうさぎの形のお菓子は神様にご神饌として献上され、玉兎の名でお土産として購入することもできます。

むかしむかし、隠岐の国の隠岐の島に一羽のうさぎがすんでいました。

うさぎはある日、対岸の因幡の国、気多の浜に渡りたいと思い、ワニザメに「私とあなたの一族を比べてどちらが数が多いか数えてみましょう。そこに並んでくれたら私が上を走りながら数えてあげますよ」と言ってだまし、ワニザメを気多の浜まで並べ、その上を走って対岸まで渡ろうとしました。

ところが、もう少しで渡り切るときに、うさぎはワニザメをうまくだましたことを口に出してしまったため、怒ったワニザメに毛皮をはがれてしまいました。

丸裸になったうさぎが泣いておりますと、大国主命の兄弟の神々がやってきてうさぎの話を聞き、

鳥取県米子 **因幡の白うさぎ**

大国主命さま、ありがとう

「海水をつけて山の上で風と日に当たりなさい」と言って去っていかれました。うさぎはその通りにしましたが、傷は悪化し、あまりの痛みに泣いていたところに、大きな袋を背負った大国主命が通りかかりました。

うさぎの話を聞いた命は「真水で体を洗って蒲の穂にくるまりなさい」と教えてくれました。うさぎがその通りにしましたら、傷は癒え、もとのきれいな白いうさぎにもどることができました。

うさぎは大国主命に感謝し、その後、兄弟の神々の求婚を断った八上姫との仲をとりもったといわれています。大国主命のやさしさを称えるとともに、縁結びのお菓子として、白うさぎをかたどったおまんじゅうが作られています。

すてきな地元菓子司

愛知県半田 松華堂

1897〜1906年創業。伝統的な和菓子の製法を守り、上生菓子、棹菓子、干菓子などをすべて手作りしている。全国のお茶席で支持を受ける老舗。水曜定休。

愛知県には半島がふたつあって、ひとつは知多半島で、もうひとつは渥美半島である。半田は知多半島にある町で、その半田の駅前にあるのが松華堂である。

初めてお店を訪れたのは年末で、店内はお正月のお菓子を求める地元の奥様方で満杯だった。その合間からかろうじてのぞいたケースには、淡い色合いの棹菓子がずらりと並んでいて、なんて棹菓子の多いお店なのだろう、このあたりは棹菓子文化なのだろうかと思ったのを覚えている。

数年後に再訪した折には、お正月を過ぎていたせいもあって、落ち着いてケースを眺めることができた。棹菓子の他にも箱入りの上品な干菓子が並んでいて、こちらにも目が奪われる。

あれもこれもと悩みながら、棹菓子の段を見ると、彩り美しい棹物の横に、上り羊羹というのがある。一見ふつうの羊羹と同じに見える小豆の羊羹で、この上りとはどういう意味ですかとお店の人に尋ねると、奥からご主人と思われる、年輩の男性が出てこられた。お菓子作りの最中だったようで、白い作業着をつけておられる。

すっかり恐縮しながらうかがうと、江戸時代に桔梗屋というお菓子屋が尾張徳川家に献上した羊羹で、上様がお上がりになったというのと、お菓子を献上する位にまで上り詰めたという意味をかけて、上り羊羹といわれておりますと教えて下さった。上り羊羹はこしあんなので、名古屋周辺では上りというとこしあんを指すことも教えて下さる。そして、この羊羹に軽羹を合わせたのは私どもが初めてですとおっしゃった。どうりで他ではあまり見ない、美しく洗練された意匠の棹物が多いはずだ。

淡い色合いとともに気になるのがやはり棹菓子につけられた名前である。冬の宿、里の冬、旅立ちなどとそれぞれに似合いの典雅な名前がつけられている。これもやはり上り羊羹のように由緒ある名前なのだろうか。「いえ、好きに名前をつけて楽しんでおります」とご主人はにっこりとされた。

松葉の形をした玉子ぼうろ「松かげ」は、名の美しさに加え、ぼうろ好きにはたまらないおいしさ

青森県弘前
大阪屋

1630年創業。津軽藩御用達御菓子司として長く仕え、現在13代を数える。弘前城近くの店では上生菓子、羊羹などの他、ふだんづかいのお菓子まで幅広く扱う。元旦休。写真は「冬夏」(上)と「竹流し」(下)。

弘前は総じてのどかな町である。他の都市ならとうの昔になくなってしまったような古い建物がどうということなく残っていて、そこに古くからのお店と新しいお店が同居している。歩いている人も働いている人も物静かで口数少なく、ゆったりとしている。みちのくの穏やかな空気が町全体をおおっているのだ。

初夏に弘前を訪れた私は、そこここで民芸の鳥の置物を買ったり、市場のなかの中華そばのカウンターに座ったり、中央弘前の古い駅舎を眺めたりしながら歩き回った。お城まで行ってぐるりとし、そして大阪屋の前を通ったのである。

古い蔵造りのその店には次々と人がやってくる。ふだん着にエプロンをかけたような近所の女の人も多く、私はその人たちに混じって店に入った。

正面には立派な螺鈿の引き出しがずらりと並んでおり、それだけでこのお店の歴史と格式が見てとれる。お菓子は上生菓子からふだんづかいのお菓子まで、さまざまにあったが、気になったのは箱入りの「竹流し」と「冬夏」という献上菓子だった。一見して、手間と時間のかかった高級菓子だとわかるもので、「竹流し」はそば粉の薄焼、「冬夏」は和三盆糖をまぶした軽焼である。冬夏の名の由来も、豊臣秀吉の家臣だった初代が「冬の陣夏の陣を忘ることなかれ」と名づけたと、お店の人が津軽弁混じりのやさしい言葉で説明してくれた。

包んでもらっている間、せっかくだから今日食べる生菓子も買おうかと陳列ケースを見ると、夏らしく、水ようかんとくず万頭が見本として出ていた。しかし水気の多いお菓子とて、斜めに飾られた箱の中で、つつーっと滑って全員が下の方に寄ってしまっている。そのようすがなんともいえずよく、私はひとりで笑ってしまった。

由緒正しい老舗だけれども、肩肘を張らないその大らかさこそが弘前のお菓子屋さんらしい。エプロン姿のおばさんに押されるようにして、私は店を出た。

夏の水ようかんやくず万頭は人気商品。口当たりがよく、つるりと爽やか

滋賀県大津

鶴里堂

1896年創業。京菓子と並び称される大津菓子の調進所として三井寺や多くの社寺に納める格式高き老舗。季節の上生菓子の他「比叡杉羊羹」なども。日曜定休。写真は「御井」。

大津の駅から少し先の、旧東海道の両脇には古くからの店が建ち並んでいる。すだれや、お饅頭処、楽器店。道が路面電車の通る大通りに出る手前に鶴里堂《かくりどう》はある。飾り窓には鶴の置物がいつも変わらず、店主よろしく鎮座ましましている。その前にはいくつかのお菓子が載ったお盆。

中へ入って、今日はなにかと目移りしていると「いらっしゃいませ」と奥から出てこられたのは、背の高い白髪のご主人だった。余計なことはひとこともおっしゃらず、すっと立って控えておられる。

しかし、私が「御井《みい》」というお菓子をじっと見ていると、「それは龍の目をかたどった和三盆のお菓子で、お抹茶やニッキなどいろいろな味がいたします」と教えて下さる。上生の前で悩んでいると、「手前はわらび粉で、奥はお餅です」と説明され、「わらびもちもおいしゅうございますよ」と言い添えて下さる。それらの言葉には小さな子どもに対するおじいさんの心遣いにも似た、親身な響きがあるのを私は感じた。

大津の古地図が印刷された、水色の包装紙で包んで下さる間、ガラス戸から表を見ると、若主人とおぼしき方が、お店の長い暖簾をすっすと直して、出かけていかれるのが見えた。私はその所作を垣間見て、ご主人の態度とともに、ここのお菓子がおいしいわけをみたような気がした。

鶴里堂のお菓子はいつ食べても、どれを食べても本当においしい。おいしいお菓子の理由は材料や製法にもあるだろうけれども、なによりも作り手の心なのだろうと思う。それが気品あるお菓子となって現れる。人の手によるものはみなそうで、それはお菓子にかぎったことではない。

鶴里堂の名は、その昔、大津の町が比叡山から見ると鶴が飛び立つ形に似ていたため、鶴の里と呼ばれていたからだそうだ。

お菓子を手に表に出ると、再び飾り窓の鶴と目が合った。そしてあのご主人も少しばかり鶴に似ていらしたなと、ちらと思った。

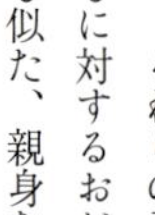

琵琶湖に面した大津ならではのお菓子も多く、なかでもしじみの形の飴や落雁はしみじみと美しい

茨城県水戸 木村屋本店

1860年創業、水戸中央郵便局前にたたずむ老舗。水戸の代表銘菓「水戸の梅」の他、手作りの季節の和菓子が並ぶ。干菓子の詰め合わせもある。日曜定休。

水戸に行った日は友人と朝から一日中市内を歩き回る予定だったので、朝いちばんに木村屋本店の前を通りかかったときには、困ったなと正直思った。一目見て、このお店のお菓子はおいしいに違いないと直感したのだが、今買って鞄に入れて持って歩くとぐずぐずになってしまうだろうと思ったからだ。食べてはみたいが、ここは我慢するしかない。

それでも古風な木の調度にも惹かれて、中に入るだけは入って、お菓子を眺めた。梅の形の上生菓子やお干菓子もそれぞれに美しかったが、気になったのは、ふだんづかいのお菓子だった。栗まんじゅうや桃山や茶通といった昔ながらのお菓子がどれもみな小ぶりで品よく、いかにもおいしそうな顔をしていた。なによりそれらが、ひとつひとつ白い薄い和紙にくるまれている姿に、お店の人のお菓子に対する愛情が感じられた。

一日中歩き回った私たちは、夕方になってやっぱり気になるあの店に行こうという話になり、足早に戻った。日は落ちて、あたりはもう暗くなっていた。お店のおばさまは戻ってきた私たちを見て少し驚いた顔をされたが、私たちが今度は心おきなくお菓子を買い、実家や知人やほうぼうに送るのを、嫌な顔ひとつせず、丁寧に詰め合わせて用意して下さった。

その日は水戸偕楽園の梅まつりの少し前、日差しは暖かいけれども風の強い二月で、一日中冷たい風に吹かれて歩き回った私たちは少々くたびれた顔をしていたのかもしれない。注文を終わって一段落して、ふたりで店の一隅にあった縁台にぐったりと腰掛けていると、「少しですけど、帰りの電車ででも召し上がって」と言って、陳列ケースからお菓子を取り出して包んで下さった。私たちはあわてて縁台から飛び下り、辞退したが、笑顔で「どうぞ」と手渡して下さった。

私たちはお礼を言って、白い小袋に入ったお菓子を受け取った。あとでそっと袋を開けると、よい香りの桜餅が入っていた。

上生菓子は梅にちなんだものも多い。梅を背後から見たときのかわいさを表現した「裏梅」なども

三重県桑名

花乃舎

創業明治初年。お茶席にもつかわれる御蒸菓子、上生菓子の他、「志がらみ」、「歌行燈」、「蛤しるこ」など、数々の桑名銘菓を製作。本店には喫茶も併設。月曜定休。

桑名の町を歩いていて、きれいな名前のお菓子屋さんだなと、なんの気なしに入ったお店だった。桑名は城下町だけあって、和菓子店がたくさんある。中に入り、どんなお菓子があるのかとショーケースをのぞくうちに、その前から離れられなくなってしまった。

自分でもなぜだかわからないが、粉と卵とお砂糖を使った南蛮菓子のぼうろの味が好きで、佐賀のやわらかい丸ぼうろも好きだが、頃合いに焼かれた堅いぼうろはもっと好きである。しかし、和菓子店のお菓子のなかではその他のお菓子扱いで、作っているところはとても少ない。そのため私は店の片隅にそれを発見するとすかさず購入するのだが、花乃舎《はなのや》では堂々たる箱入りで、小さい丸形と松葉形と二種類ある。これはまず買わねばならない。

そして蛤形の懐中汁粉、これも懐かしいお菓子だ。お湯を注ぐと最中地に穴があいて、中からお汁粉の種がすうっと出てきて、お湯が小豆色に染まる。

そして美しい色の落雁の横には幼い頃に好きだったすはまが、小さなおだんごになって楊枝に三つ刺さっている。すはまはきなこをお砂糖と練ったお菓子で、京都に多いのだが、東京では京菓子の店でもあまり見かけない。すはまを食べないでいるうちに、すはまが好きだったことも忘れてしまっていたが、見ると俄然食べたくなる。

そしてこの小さなお干菓子はどうだろうか。梅に鶯、松に蕨に色とりどりの小さな貝！　はまぐりやしじみなど、貝に縁の深い桑名ならではの形で、貝殻好きにはたまらない。欲しいものがありすぎて、どうしていいかわからないくらいだ。

嘘のようにたくさん買いこんだ私が東京から来たと知って、東京にお住まいでしたら、いくらでもおいしいお店がありますでしょうとお店の人に言われたが、私は、いえ、私の欲しいお菓子はこのお店にあるものなんですと答えた。

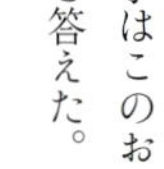

蒸し物、棹物も数多くある。もちろん季節の上生菓子も。夏の葛を使ったお菓子も絶品

神奈川県鎌倉 美鈴

1972年創業。基本的には上生菓子の詰め合わせと、月替わりの季節の和菓子を手作りで製造販売。日によって運よく買えることもあるが、原則として予約販売。火曜定休。

友人が鎌倉でいちばんおいしいと教えてくれたラーメンの店は、お昼どきなこともあって、ひどく混雑していた。私は白髪の上品なおばあさんと相席になったので、失礼しますと言って向かいの席に座った。実家の母はひとりでラーメン屋に入ったりしないし、このおばあさんも気づまりではないかしらと思い、おひとりでよく来られるのですかと声をかけると、このラーメンはおいしいので、病院に来た帰りに時々寄るのよと涼しい顔でおっしゃる。それから一緒にラーメンを食べながら、鎌倉のことやご自身のお話を聞かせて下さった。

　ラーメンを食べ終わり、ひと息ついて、私は思いついて、鎌倉においしい和菓子屋さんはありますかと聞くと、そうね、美鈴がおいしいかしらと即答された。これはよいことを聞きましたよと私は思い、お礼を言った。そして店の前で、どうぞお元気でと言い合ってお別れし、少し寄り道をしながら、ぶらぶらと美鈴への道をたどった。

　鎌倉の街はあいかわらずの人出だったが、山がちな道に入ると、人通りはすっかりなくなり、深い緑の木々に囲まれた静かな小道となる。

　入口がわかりにくいからと注意されていた通り、横丁を入ったその奥にお店はあって、人のお宅にお邪魔するような風情だった。玄関の奥では忙しそうに女の人たちが働いているようすで、予約していないと難しいかもとこれもまた教わっていたため、今日はまだお菓子はいただけますかと尋ねると、親切なおばさまが、六つ入りが一箱残っていますよ、と言って出してくれた。京風の、色がしっかりつけられた上生で、色も形も大変美しい。季節は一月だったので、初春のはなやぎも宿している。このお菓子の顔なら、味も必ずやおいしいはずだ。

　上品なおばあさんという人は、和菓子のおいしい店を知っているものなのだ。でもラーメン屋までご存じとは、大変お見それいたしました。

上生菓子の他、季節の和菓子もある。3月にはわらび餅がおいしい

雪かきの道具であるバンバコは今でも利用。
菊水飴本舗にて

老舗の飴屋の飴はみな美しい鼈甲色。
髙橋孫左衛門商店にて

タイルを使った看板や内装が今も残る。
山屋御飴所にて

遠近の飴

飴屋の木造建築

飴屋に古い木造建築が多いのはなぜだろう。
飴屋はなぜ雪の降る寒い地域に多いのだろう。
飴屋さんに聞いた、ふたつの素朴な疑問

新潟県上越
高橋孫左衛門商店

飴屋の建物が古いのには特に理由はないと思います。古いものを大事に使っているだけではないでしょうか。この建物は明治七年の大火で焼けてしまった後に建て直したものです。材を能生《のう》谷から持ってきて建てました。それでも材が足りずに、お城の取り壊しのときに出た廃材をもらい受けて使っております。

寒い地方に飴屋が多いのはやはりお米がとれたことが大きいのではないでしょうか。今でも私どもの飴は餅米で作っております。初代は粟で作っていましたが、餅米で透明な飴を創製した四代目が原料を秘密にするため、粟飴と言い続け、今では他店も粟飴と言って広がっています。昔は飴も量り売りでしたので、今でも容器を持って近所の方が買いにみえますよ。料理やお菓子に使われ、県内外のいくつかのお菓子屋さんにもお出ししています。

創業寛永元年(1624年)。現在14代目。粟飴と称する米飴の他、笹飴、翁飴などを製造する

長野県松本
山屋御飴所

飴屋の建築が古いのは、やはり飴作りは古くからの歴史があって、飴屋がその土地に根づいているからではないでしょうか。松本は安曇野の米どころがあって、アルプスの伏流水で水もきれいで、盆地で晴れの日が多く乾燥していて、飴作りに適した気候風土ですので、昔は何十軒も飴屋があったと聞いております。

ここの建物は昭和八年に建てたもので、中は土の白壁で、外はタイル貼りです。以前は飴屋のかたわら飴を入れる壺などの陶器を作る仕事もしておりましたので、その関係でこうした建物になったようです。

松本の冬は雪はあまり降りませんが、とにかく寒くて痛いほどです。それでも飴作りは冬場の方が向いていますから、寒いのはいいことですね。一月の初めにはあめ市も開かれますので、一年でいちばん忙しい時期です。

創業寛文12年(1672年)。現在13代目。米飴から作る堂々飴、白玉飴、板あめ、引ネキ飴などがある

滋賀県木之本
菊水飴本舗

飴屋は昔からありましたから、それが古い建築とともに残っているだけではないでしょうか。この建物は江戸時代に一度焼けまして、再建後の建物の部材を引き継いで今の形になりました。

飴屋は寒い地方だけでなく、昔は全国にあったようで、特に城下町には藩のお抱えで飴屋がありましたね。飴は薬でもありましたから。うちの飴は福井藩の松平光通公の御用飴でした。殿様が参勤の途上で腹痛になって、献上した飴を食べて治ったからといわれています。

ここには菅山寺という菅原道真公が勅使として来たお寺があって、最初はそこのお坊さんに飴の作り方を習ったのではないかと思っています。このあたりは古い土地なんです。奈良時代の豪族の出身地でもあり、朝鮮の文化も渡ってきて、交通の要衝でもありました。北国街道も通って、今は田舎ですが昔は違っていたんですよ。

創業元禄年間。現在15代目。お箸に巻き付けて食べる菊水飴の他、つぶあめ、梅あめがある

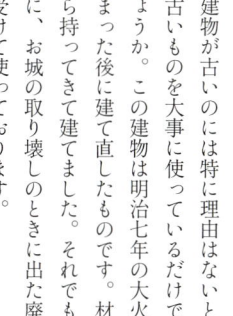

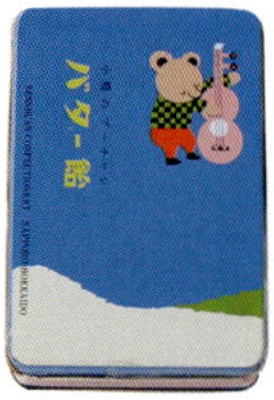

北海道札幌❀バター飴

北海道はいわずと知れた酪農王国、飴にもバターが使われる。お砂糖、水飴にバターを加えて作られた飴はバターの風味たっぷり。トラピスト修道院で作られるものも有名。

石川県加賀❀吸坂飴

加賀の吸坂村は江戸時代、飴屋の村として存在していたといわれ、以来360年以上にわたって飴作りが続いてきた。加賀米と麦芽を原料とした麦芽飴で、自然な甘みが伝統の味を伝える。

長野県松本❀板あめ

板あめは米飴(水飴)に落花生を混ぜて薄く伸ばしたもの。昔ながらの手作りの飴は、飴を何度も伸ばす、伸ばして何層にも畳むという作業に職人の熟練の技と勘が必要とされる。

東西南北飴の国

日本全国小さな飴玉ひとつにもお国柄が色濃く反映されている

長野県上田❀みすず飴

上田の銘菓として知られる果実の飴。信州産のりんごやもも、あんずなどの果物の果汁を、これもまた信州特産の寒天でやわらかく固めたゼリーで、まさに郷土菓子そのものの飴。

佐賀県佐賀❀徳永飴

「あめがた」と呼ばれる、麦芽水飴を練って作られた真っ白な飴は慶長年間から350年以上続く味。そのやわらかな甘みと食感に、不思議とまた食べたくなる。黒糖入りもあり。

新潟県上越❀笹飴

夏目漱石の『坊っちゃん』のなかで女中の清が好きだったことでつとに有名な笹飴は、現在も作り続けられている。笹の風味が移った水飴はやさしい甘さでなんともいえずゆかしい。

熊本県熊本❀朝鮮飴

豊臣秀吉が朝鮮出兵した折に熊本藩主が携行したとされる。餅米と水飴と砂糖を練り上げたもので、保存性が高くお餅のような食感。箱一面の片栗粉に驚くが、飴は中に隠れている。

長野県飯田❁ヌガー

長野県は古くから飴作りの盛んな地域。飯田や松本には昭和初期から続くミルク風味のソフトキャンデーがある。アルプスに挟まれた地域らしい個包装も愛らしい。

長野県茅野❁カリンあめ

長野県諏訪地方はかりんが特産。かりんは果物としてそのまま食べることはできないが、砂糖漬けなどにすると甘く芳香があり、果汁は古くからのどの薬として用いられてきた。

福島県会津若松❁とり飴

江戸期から伝わる会津駄菓子のなかには、だるまや鳥の形をした飴細工がある。棒つきでそのままなめられる飴だが、どの地方にもあったこうした素朴な飴は姿を消しつつある。

新潟県長岡❁飴もなか

最中の皮に飴の入った越後珍菓だが、中の飴は水飴と寒天で絶妙の固さと甘さに調合され、歯にもつかず食べやすく、最中の皮とよく合う。麦芽飴好きにおすすめの逸品。

新潟県上越❁翁飴(あられ飴)

翁飴とは水飴を寒天で固めて乾燥させたもの。飴の寒天寄せなので食感は固めのゼリー。やわらかい甘みで食べやすい。あられ飴は翁飴に薄く色づけして小さく切ったもの。

長崎県長崎❁有平糖

あるへいとうと読む、ポルトガル伝来の飴菓子。原料はお砂糖と水で、火にかけて煮詰めたものを引き伸ばしてさまざまな形に細工する。ぽろりと口の中でくずれる感触がよい。

熊本県熊本❁芋飴

米飴はお米に麦芽を加えて糖化させたもの、芋飴はサツマイモに麦芽を加えて糖化させたもの。なめているとお芋の味わいがほんのりする。九州の長崎、鹿児島でも作られている。

奈良県大和郡山❁昆布飴

昆布をやわらかく煮て水飴で固めた古くからある飴で、ソフトタイプが多い。甘い昆布なんてと敬遠せずに食べてみると、後を引くおいしさ。飴というより昆布を食べる感覚。

善通寺門前の熊岡菓子店には昔懐かしい味と形の堅パンが並ぶ。懐かしいのはお菓子だけでなく店構えも同じ

カタパンを訪ねて

地方のおやつとしてひっそりと存在する
小麦にお砂糖を入れて焼いた堅いお菓子

香川県善通寺
一枚のメモ

きっかけは一枚のメモだった。

会社勤めをしていた頃、私がカタパンに興味があることを知った同僚の女性が、四国にカタパンを売る店があるみたいですよと言って、みんなで注文したことがある。ひとつ10円20円のお菓子で、どんなに頼んでも郵送料の方が高いくらいだった。ほどなく届いた段ボール箱には、白い紙袋に小分けにした茶色いカタパンがぎっしりつまっていて、私たちはその堅さと素朴な生姜味を楽しんだ。メモはその箱に入っていたのである。

それにはかすれたボールペンで「このような田舎の菓子を遠くからわざわざご注文下さりありがとうございました」と書いてあった。字はおばあさん特有のもので、私はその文字に、都会から10円のお菓子を注文してきた人間に対する困惑を感じとり、と同時にただ食べたいからと安易に取り寄せたばつの悪さを味わった。いつしかメモは私の心に折り畳まれ、何年も経ってから急に、あのおばあさんに会いに行こうと思ったのである。

熊岡菓子店は四国88カ所巡礼の75番札所善通寺の門前にある。明治29年創業。参拝土産、お遍路さんの行動食、近隣の人のおやつとして親しまれる。戦時には軍用食としても納められていた。大中小の丸パンと角パン、石パンの5種がある。

今や昔菓子のカタパンだし、こぢんまりやっておられるのだろうと、善通寺の門前にある店まで行くと、人だかりがしている。私はにわかに不安になり遠くからようすをうかがった。テレビにでも出たのだろうか。働いているのも若い男の子である。そろそろと近づいていって見ていると、突然「いらっしゃいませー」と元気溌剌としたおばあさんが奥から出てきて、「最初にお待ちの方は？」と私を見て、あなたでしょ、という顔をした。私はあわてて注文し、手早くお菓子を袋に入れているその人に、以前東京から注文したときにメモを入れて下さってと言うと、顔を上げて私の顔を見て、「そうでしたか、東京からもよく注文いただくんですよ。いつでもどうぞ」とこともなげに言われた。お店は大忙しだったので、私はそのまま退散した。

拍子抜けした気持ちでお寺にお参りし、もう一度店に行ってみると、観光客は一段落して、自転車の籠にヘルメットを入れた女の子ふたりが順番を待っていた。いくつ買うのか見ていたら、「四枚下さい」と頼んでいた。一枚15円だから四枚で60円。ふたりでかじりながら帰るのだろう。おばあさんもお元気だったし、やっぱり来てよかったと思った。

喜久屋のカタパン

会津若松のパンやさんのカタパン。
見ためは無骨だが
かんでいると甘みがでてきておいしい。
ゴマの香ばしさもよい。
かたいけどかみきれないかたさではない。
これは山の行動食にいいかも。

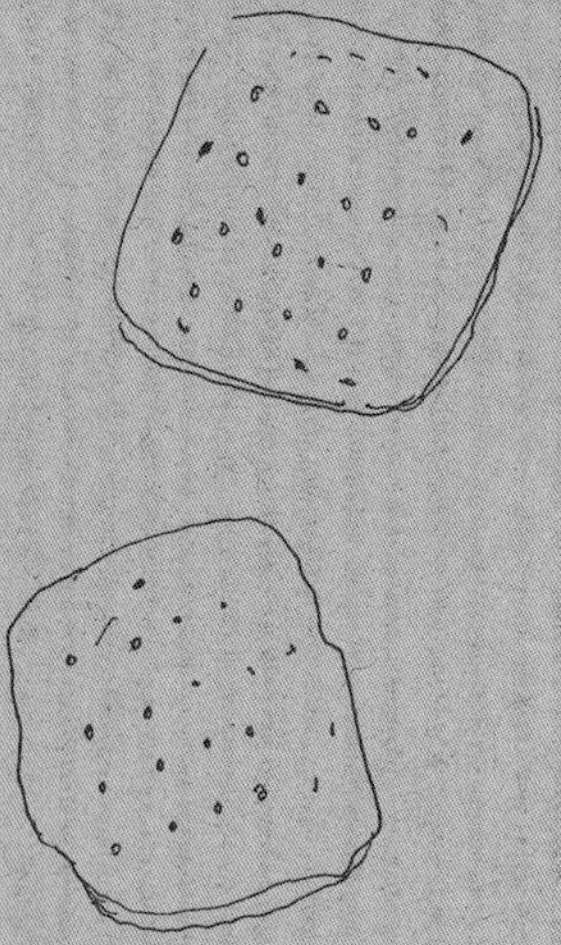

敦賀のかたパン

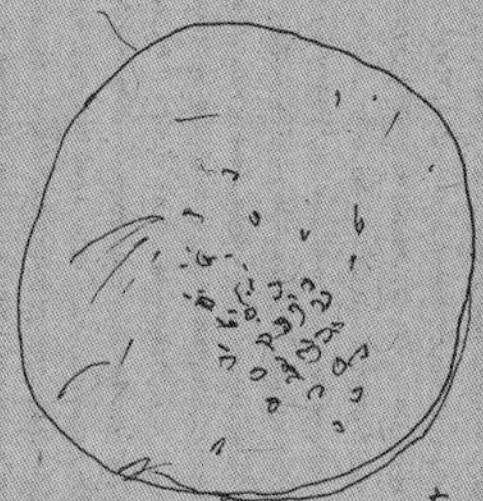

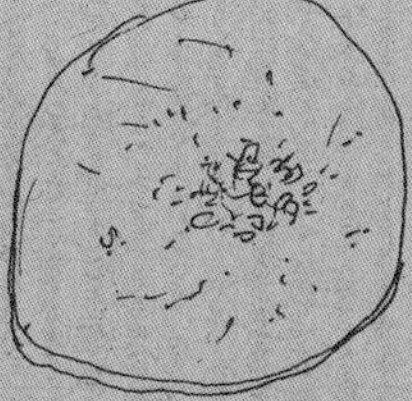

パンッと
割って
口の中に
入れとくといい
とのこと。

丸くてへんぺい。
堅いおせんべいくらいのかたさ。
上の青のりがきいている。
店のおばさんが「昔敦賀には兵営があったんです。兵隊さんのおやつですよ」と教えてくれる。

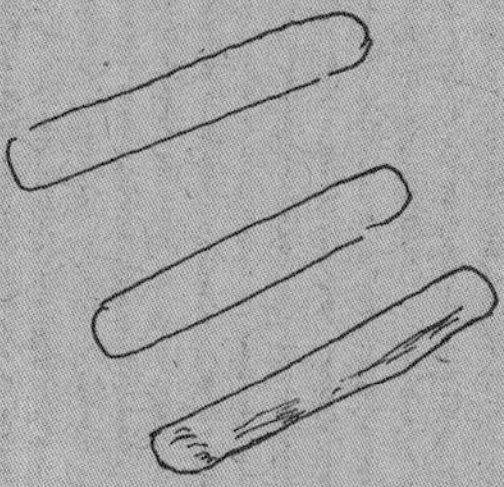

高知のケンピ。
みんな同じように見えて
少しずつ違う形。
描いていると 甘い香りがする。
よくよく焼きしめられた味。
これも山行向き。

ほんのりとした甘さがよい。

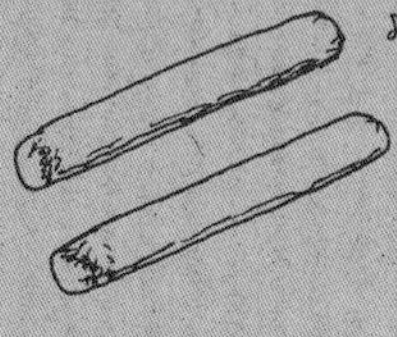

美しく正しい形のカンパン。
袋にある

赤いカニの絵と
NAVY
BISCUITS
の文字が
イイ。
カニヤは
江戸時代創業で
カンパンの輸出もしています。

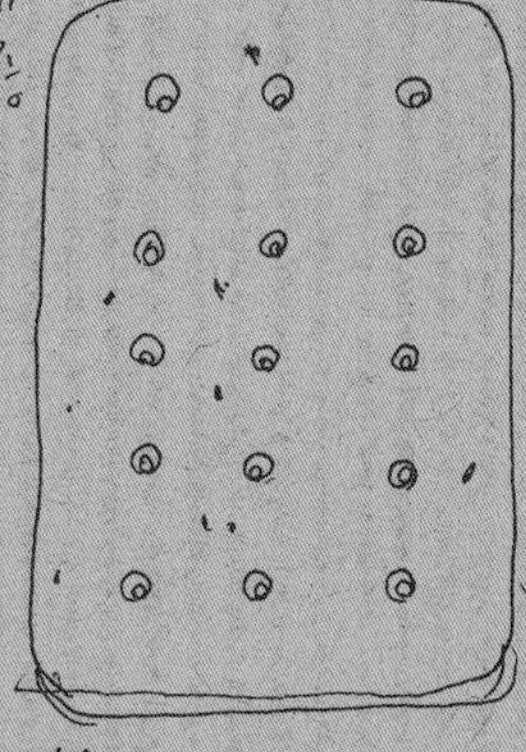

長浜の堅ボーロ。

どんなに堅いのだろうと用心しいしい口に入れると思いの外やわらかい。
しょうがざとうの味が強いお菓子。

なぜこの類にはしょうがをつかうのだろうか?

北九州の
くろがね堅パン

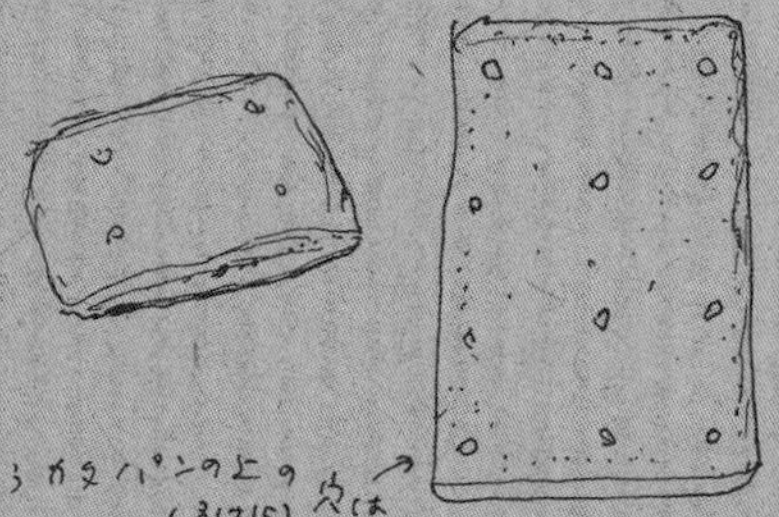

ふつうカタパンの上の穴は
(え!だ15)
中央によせて12コあいているがここのはナムがって12コだ。
ここの堅パンが今までたべたことのあるカタパンの中でいちばんカタイ! 注意を要する。味はよい。

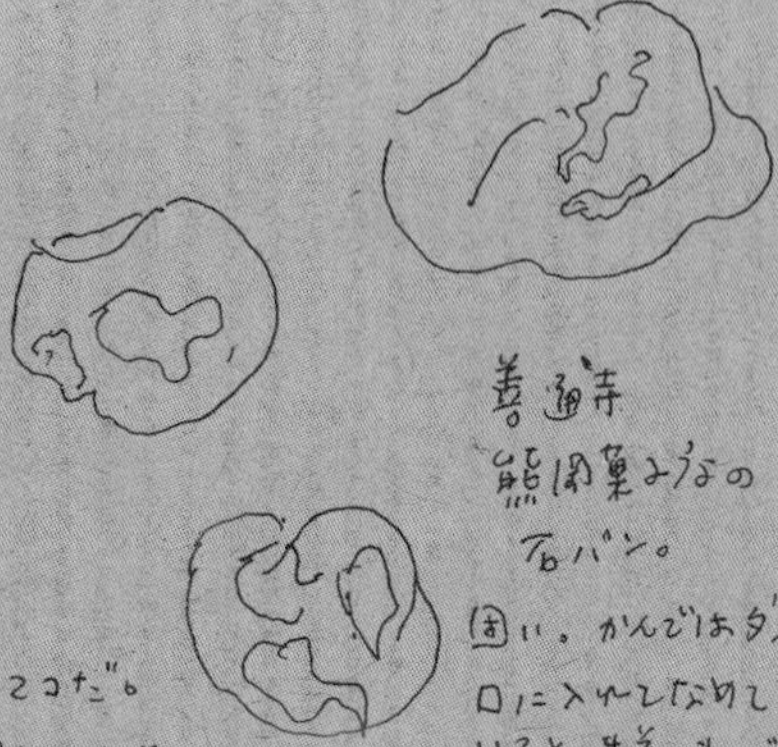

善通寺
熊岡菓子店の
石パン。

固い。かんではダメです。
口に入れてなめていると生姜味がきいていてたのしんでいるうちにいつのまにかとけてなくなっている。

カタパンを訪ねて

集まれ 全国のカタパン

カタパン、あるいは乾パンと呼ばれるお菓子は古くは軍用食、現在は保存食として地方の片隅で静かに眠っている。でも実は原料吟味、添加物なし、長持ちにしておいしい、素朴菓子の代表

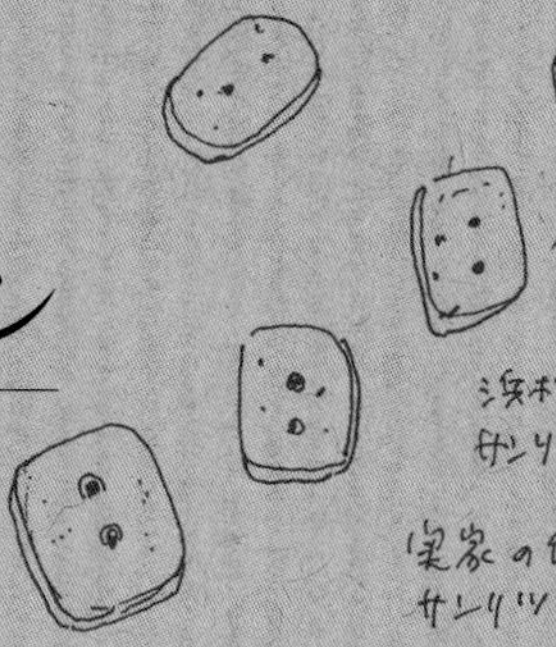

1コ10kcal
計算がカンタンです!

浜松
サンリツのカンパン。

実家の備蓄はもっぱらサンリツだった。
母は「けっこうおいしい」といってふだんから食べていたような記憶が。
小さくて食べやすい。サクサク。

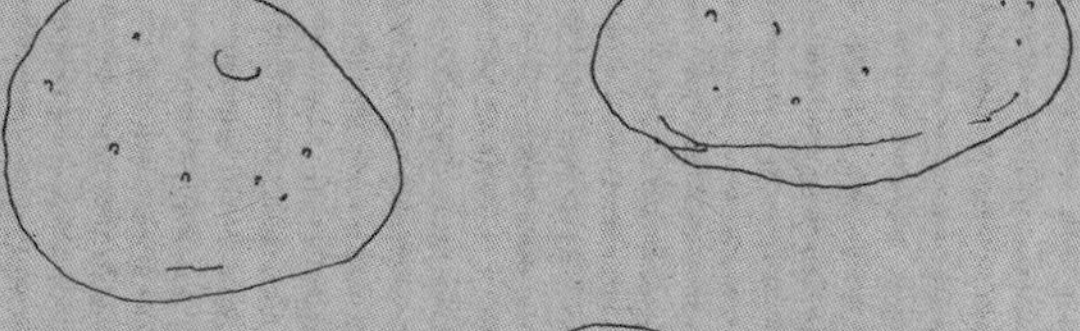

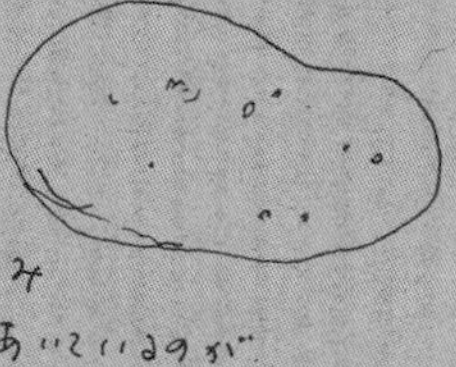

小浜の小判

小麦粉と砂糖のみ
表面のプツプツ穴があいているのがかわいい。固いが固すぎず
甘いが甘すぎず 素朴な粉菓子。卵パンの固いの。

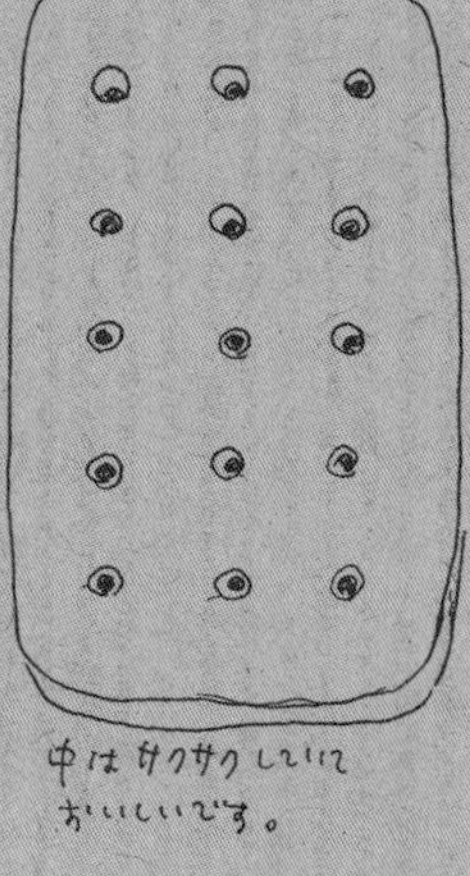

中はサクサクしていておいしいです。

お菓子の友

ドロップ

子どもの頃、家の近所に一軒のよろずやがあった。そこには家で必要なちょっとしたもの、例えばお醬油やサラダ油などの他に、バナナやサツマイモやタマネギのような野菜や果物を売っていて、それらに混じって、駄菓子や菓子パンも置かれていた。表にはアイスクリームのケースもあって、夏には庇が出ていた。

その店を家ではやおやと呼んでいて、私たちきょうだいがやおやさんで買っていいのはアイスクリームと、日曜日の朝のお楽しみと決められた袋入りの菓子パンだけで、他のお菓子やなにかを買うのは禁止されていた。母には母なりの決まりごとがあって、子どもたちに対して厳しい制約があったのである。

それなのに、その日はなぜか、やおやで好きなお菓子を買ってきていいというお許しが出た。ふだん家で食べるお菓子は母と行くスーパーで買うことになっていて、母はついてきた私にはほしいお菓子をひとつだけ買ってくれたので、私はお菓子に対する不満がなかった。しかし、やおやに並んでいるお菓子は、禁止されているだけにどこか魅力があり、いつも横目で見ていたのである。

思いがけないお許しが出て、私は母にお金をもらい、以前から欲しかったドロップを買いに行った。それは赤や緑や紫の色がついた穴の開いたドロップで、スーパーには置いていないものだった。ふだんなら母に、色つき（着色料が強いものを母はこう表現した）はダメですと言われて却下されるようなお菓子である。

私は店のおばさんに言ってドロップをもらい、お金を払おうとした。するとおばさんはこのお金では足りないから買えないと言うのである。私はそのときたしか50円持っていったのだが、充分足りると思っていたそのお金ではドロップが買えないことを知って、私は驚き、おばさんがこれなら買えるという別のお菓子も買わずに、家に帰った。まだ学校に上がる前、私は四歳か五歳であった。

私は家に帰ったが、中に上がらず、玄関先で立ったままでいた。母が忙しげに出てきて、手ぶらの私を見て、なぜお菓子を買ってこなかったのか聞いた。私はお金が足りなかったことや、私がお金の計算をできなかったことや、おばさんに買えないと言われたときに恥をかいたと感じた気持ちや、ひいてはその恥はお金を持たせた母に向けられるのではないかという悔しさをうまく説明できなかった。そして本当はやおやでお菓子を買いたくないのに買ってくれようとした母に対して、自分がうまくできなかったことが情けなく、悪いことをしたと思い、私は下駄箱にもたれて泣いてしまった。

母はそんな私を見て、靴を履き、私を連れてもう一度やおやに行った。そしておばさんに話をして、私にドロップを買ってくれた。私はもうこれっぽっちもそのドロップを欲しくなかったが、買ってもらって帰った。そして案の定おいしくなかったので、兄や姉にあげてしまった。

お汁粉

あの店の大福、おいしいから行ってみませんか。いいですね、行きましょう。お互い甘いもの好きの私たちはその日、取材で地方の町を歩いていたのだが、以前一度この町に来たことのある私は、お目当ての和菓子屋にカメラマンのAさんを誘ったのだった。

その店は出窓で大福やなにかを売っていて、店内で食べることもできるし、他にもちょっとした軽食メニューもあるような甘味どころであった。ところが店に近づくと出窓に大福はなく、中に入って聞くと今日は売り切れだと言う。

がっかりした私たちは店内の椅子に座り、瓶のコーヒー牛乳を一気に飲んだ後、じゃあなにか頼みましょうかと言って、壁に貼られたお品書きを見た。あんみつの気分でもないし、ここにしかないものにしましょうかと言って、ふたりとも「びっくりしるこ」の文字に目がとまり、あれにしてみましょうと決めた。とりあえずひとつ頼んで、びっくりってなにがびっくりなんでしょうね、お汁粉の中になにか入っているとか？ そんなことを話しながら、出てくるのをのんびり待った。少し歩き疲れていたし、ここで座ったのも悪くなかったかもしれない。

やがて運ばれてきたお汁粉を一目見て私たちは仰天した。大きな丼いっぱいになみなみとつがれたお汁粉の上に、ざぶとんかと見まがうほど大きな白いお餅がかぶさっていたのである。ざぶとんは言い過ぎでも、はがきくらいはゆうにある。これはたしかにびっくりですね、こういうびっくりだったんですね。

お店の人に聞こえないようにひそひそと小声で話す間も、私はいったいこれをどうしたものかと困惑していた。カップルでもあるまいし、ふたりで仲よくパフェを食べるのとはわけが違う。仕事相手の男性とお餅をかじり合うなんてどうなんだろう。とはいえ、お汁粉の海の中で巨大餅をお箸で分けるわけにもいかないし。かといって、とてもひとりで食べ切れる量ではない。

手を出しかねて、お汁粉を凝視している私を見て、Aさんはこともなげに「じゃあ半分こにしましょうか。僕が先に食べますね」と言って、白いお餅にかぶりついた。そして私たちは代わりばんこに食べ続けて、ついに全部平らげた。Aさんはごちそうさまと言って、やれやれというふうに笑った。

私は、そういう人が結構好きだ。

羊羹

すっきりとよく晴れた夏の朝だった。登った山は信越の名山だったので、八月最初の週末はきっと多くの登山者で混んでいるだろうと思っていたが、案に相違してたどりついた山頂は人もまばらであった。誰もがみな、ひとしきり記念写真を撮った後は、静かに山上のひとときを楽しんでいた。

私は座って羊羹を食べていた。つい少し前、一緒に登った年長の友人に「羊羹、食べます？」と聞いたら、「いらない」とにべもなく断られたので、ひとりで食べていた。その羊羹は北海道の銘菓で、味のよさもさることながら、食べたい分だけ付属の白糸で切って、残りは小さな丸い筒に戻して蓋をできるところが、山での行動食にぴったりの一品だった。赤と緑で描かれた古風な絵柄がまたいいのである。山へ行く前にデパートへ行く時間があると、地下の銘菓売り場で必ず買って行く。

青みがかった遠くの山並みを見ながら、あんの甘さを味わっていると、あちらの隅で休んでいるおじさんたち三人の話し声が聞こえてきた。

「パン食べようかな」

やわらかい抑揚で、すぐに関西の人だと見当がつく。朝早い時間だし、おじさんはどうやらおなかが減ったらしい。食べ、食べ。関西出身の私は心のなかで言った。

「一個しかないわ」、他のふたりに遠慮するかのようにおじさんが言っている。それに気づいた別のおじさんが「パン？パンやったら俺もあるで」とやにわにザックを探り、「一個ある。俺らは半分こにすればええやん」と言っている。声がしなくなったところでちらりと見ると、最初のおじさんが小さなパンをぱくりとしていた。

「上方の人っていいよね」。友人がふいに言う。

「独特のやさしさがありますよね」と私。

「それってさ」。友人は急に芝居がかったしぐさで、さっとサングラスを取って、「まごころって言っていい？」と言ってこちらを見たので、笑ってしまった。

「あのね、やっぱりさっきの羊羹もらってもいい？」

「もちろんです」

まごころなんて言葉、ひさしぶりに聞いたなあと思いながら座っていると、「いらない、なんて言っといて、おいしいからたくさん食べちゃった」と言って、赤い筒が返ってきた。

そうして私たちは山を下りる支度を始めた。

あん餅

なんでも話せる友人など、数えるほどしかいないものだ。大人になればなるほどその数は減って、ほんのひとりかふたりということになる。

　大学時代からの友人である彼女はその貴重なひとりで、お互いどうしても相談したいことがあると、連絡を取り合い、会って話をする。一年に一度会うか会わないかなのだが、会うとすぐ元のままの関係に戻るのが不思議だ。

　そうして私たちは会うと、長時間歩きながら話すのがいつしか習わしになっている。なぜだかそれは真冬の寒い日が多く、冷たい風の吹くなかをふたりでどこまでも歩きながら話し続けるのだ。

　鎌倉を歩いた日もそんな日だった。私たちは曇り空の下の灰色をした海辺をひたすらに歩き、話し続けた。夕方になって、ようやく町なかへと足を向けたとき、帰りがけにどこか寄りたいところはないかと友人に聞かれ、そういえば権五郎力餅はこのあたりだったかな、近かったらひさしぶりに買いたいけど、とうろ覚えの私が言うと、土地勘のある友人は、あのお店はもう通り過ぎてしまっているから戻ろうと言う。

　せっかく来た道を戻るのを悪いと思い、私は謝ったが、彼女はまったく意に介していないようすだった。そんなことなど私たちにとって大したことではないというふうに。たしかにもし私が逆の立場で、彼女が道を間違えて一緒に戻ったとしても、私はむしろ少しでも彼女の役に立てたことを嬉しいと思うだろう。

　今から戻っても、今日はもう売り切れかもしれない。相手はお餅だし、夕方遅くだとなくなっていることもよくあるのだ。しかし、もし徒労に終わったとしてもそれはそれでいい。彼女も私と同じように思ってくれているという信頼感が、私を気楽にさせた。私たちは友人なのだから。友人とはそういうものだ。

　神社の横の裏道を急ぎ足で抜けて、角を曲がると、お店に電灯がともっているのが見えた。がらがらとガラス戸を音をたてて開けて入ると中は暖かく、かえって外の寒さに気づくほどだった。奥から出てきた人に、お餅、まだありますかと尋ねると、あると言う。私たちはそれぞれに好みのもの、彼女はこの時期だけのよもぎ餅を買い、私はいつものあん餅を買った。

　小さな平たい箱を提げて、私たちは暗くなった道を再び歩き始めた。

ストロベリー
ショートケーキ
人気 NO-1
ケーキ
¥110
チョコケーキ
ココアのスポンジにチョコクリーム
¥110
デコレーション
チョコクリームケーキ
デコレーション
生クリームケーキ
¥1600

駅前の店はいつも黒山の人だかり。シロヤ（福岡県北九州）

神戸船来菓子からの使者

誰もが記憶のなかに懐かしのお菓子がある。それは幸せな思い出に飾られた大切な味。過ぎ去りし日々からの甘やかなたより

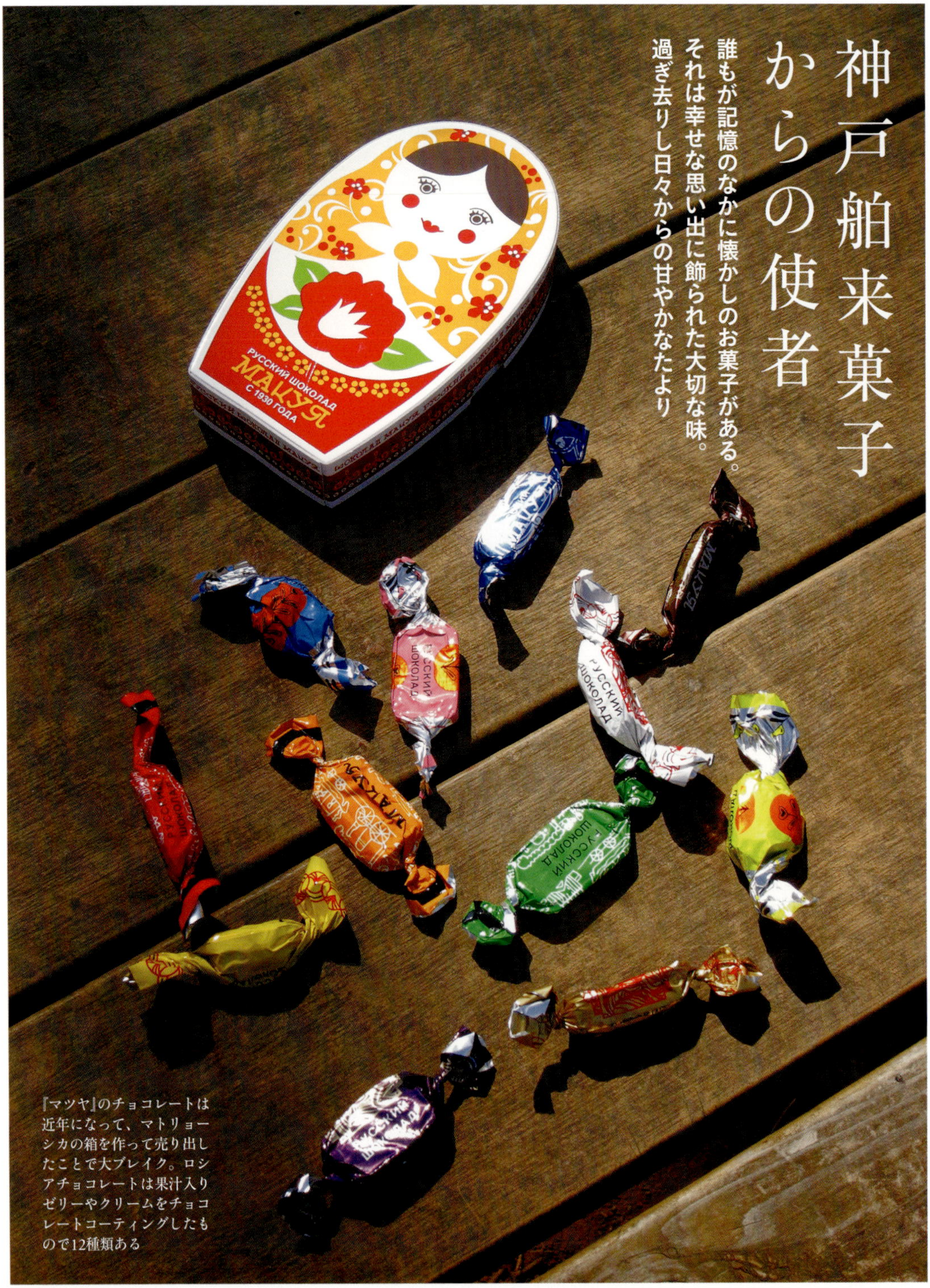

『マツヤ』のチョコレートは近年になって、マトリョーシカの箱を作って売り出したことで大ブレイク。ロシアチョコレートは果汁入りゼリーやクリームをチョコレートコーティングしたもので12種類ある

半島の風見鶏

知多半島に『ハイデルベルグ』を見つけたのはまったくの偶然だった。このお店も、同じようにして沿道に建つ、他のお店と同じファミリー向けの洋菓子屋さんだろうと思って入ったのだが、どうもようすが違うのである。

ふつうの菓子パンやサンドイッチに混ざって、芥子の実のついたカイザーパンや、塩ツノと呼ばれるツノ形のパンや、黒パンのプンパニッケルなどのドイツパンがそっと置いてある。モンブランやショートケーキの並ぶケーキコーナーの隅には、クッキーの箱が遠慮がちにあって、小さなクッキーの形が見慣れたドイツクッキーにそっくりである。なんだかおかしいなと思いながら、クッキーの箱の包装紙をよく見ると、風見鶏の絵が印刷されている。私は我慢しきれずにお店の人に、こちらのお店は神戸にあったんですかと聞いてみた。

お店の女の人は驚いたように私を見て、「うちの主人は神戸のフロインドリーブで修業したんです」と言われた。やっぱり。だから風見鶏で、塩ツノなのだ。『フロインドリーブ』はドイツ人のハインリッヒ・フロインドリーブ氏が1924年に始めたドイツパンの老舗で、日本のドイツパンの草分け的存在である。

私は自分が子どもの頃に神戸に住んでいたことを話し、よく似たパンを見て懐かしく思ったことを話すと、お店の人は今度は嬉しそうに笑い、「そうでしたか、偶然でもこの店を見つけてくれてありがとう。でもこんな田舎でやっていると、なかなか売れなくて大変です」とおっしゃった。

そのとき買って食べたパンはやはり私の知っているドイツパンの味がした。私はいくつのときからそのパンの味を知っていたか、思い出せない。けれどもそれは私に、昔住んでいた家の食堂のテーブルや、そこにかかっていたクロスや、置かれた食器や、温められた牛乳や、果物ののった黄色いボウルを思い出させた。

神戸から遠く離れた半島の小さなお店で、その味のパンが細々とでも作られていることが私には無性に嬉しかった。私は風見鶏の包み紙をとっておき、またいつの日か必ずこのお店に行ってみようと思ったのである。

しかしその機会はなかなか訪れず、同じ道を通ったのは十年以上経ってからのことだった。出かける前に念のためお店の情報を調べてはみたものの、情報自体が古く、信頼できるものでもない。私はお店の人が言っていた、なかなか売れないんですよという言葉がずっとひっかかっていた。もしかしたら、もうやめてしまっているかもしれない。お店は続けていても、ドイツパンはあきらめてしまったかもしれない。

私は見覚えのある小さな店が沿道に建っているのを見つけて、とりあえず胸をなで下ろした。そしておそるおそる中に入った。たくさん並んだパンのなかにドイツパンを目で探すと、果たして、彼らは棚のいちばん上で以前と同じ顔をして重々しく並んでいた。私は小躍りするほど嬉しかった。あのときと同じ女の人は「何度もくじけそうになったんです。何度も作るのをやめては人に言われてまたやって、の繰り返しで。それで今では土曜日だけ焼くことにしたの」と話してくれた。今日はその土曜日だったのである。

私はまた塩ツノとクッキーとプンパニッケルを買った。半島の風見鶏はくるくると回りながら、まっすぐに立っていた。

雪国とロシア

地方のお役所が出しているパンフレットに、自分が欲しい情報はかぎりなく少ないものだが、それでも駅や観光協会に置いてあるのを見ると、あれもこれもとりあえずもらってきてしまう。それらはそのまま眺めることなく眠らせてしまうことが多いのだが、泊まったホテルのベッドの上で広げてみることもある。

新潟のロシアチョコレートの店『マツヤ』は、そんなパンフレットの片隅に見つけたお店だった。

新潟はロシアに近いし、ロシアで修業して故郷でチョコレートを作っているのだろうか。チョコレートをくるんだ古風な包み紙も好ましく、行ってみることにした。

　町の中心部から少し離れた静かな通りにその店はあって、中に入ると、ガラス張りの奥の厨房では親子とおぼしき職人さんふたりが仕事をしているのが見えた。手前のケースには色とりどりのチョコレートがぎっしり並んで、明るくて楽しい雰囲気に満ちている。白いずきんをかぶって、人の好いやさしい笑顔のお母さんが、チョコレートの試食を出してくれた。そのかけらを口に含んだ途端、私は『コスモポリタン』を思い出した。

　懐かしい思い出の味のひとつがドイツパンであるならば、もうひとつ忘れられないのがロシアチョコである。

　夜遅く帰ってくる父は、時折お土産だよと言って、コートのポケットからしわくちゃになった紙袋を取り出して、お迎えに出た私にくれることがあった。そこにはコスモポリタンの小さな楕円形の缶が入っていて、缶の中にはキイチゴ味の紅色の小粒のドロップがぎっしり詰まっていた。

　コスモポリタンは白系ロシア人のバレンタイン・モロゾフ氏が1926年に開業したチョコレート・ショップで、たまにいただきもので食べるチョコレートは、キイチゴドロップと同じ、不思議に異国の味がするのであった。

　驚く私にお母さんは「おじいさんは神戸のコスモポリタンで修業したんですよ」とおっしゃった。そして、新潟の和菓子屋だったおじいさんが神戸で修業をして東京で店を開き、戦後新潟に帰ってきたこと、その頃新潟ではチョコレートなんて売れなくて、和菓子のかたわら、ほんの一皿分作るくらいで、おじいさんはいつも「悪い商売じゃないと思うんだけどな」とぼやきながら、自分用に作って食べていたこと、かわいい包み紙はコスモポリタンと同じであることなどを話してくれた。

　じつは神戸のコスモポリタンは廃業して、もうないのである。だからその味も、こうして味を引き継いだ店にしか、ないのである。お母さんは、ロシアでもチョコレートは今風で、昔ながらのロシアチョコの味はあまり残っていないようですよと教えてくれた。

路地裏の再会

　家から会社までを自転車で通っていた頃は、毎日決まった道を走っていたのだが、たまに時間があって気分が向くと、いつもは曲がらない角を曲がって、ちょっとした探検を楽しみながら会社に向かうこともあった。赤坂の『カーベー・ケージ』も路地を曲がって、偶然出会ったお店だった。

　こんな都会のまん中に、古めかしいドイツパンの店がある……それが第一印象だった。自転車を近くの電柱にワイヤーキーでくくりつけ、私は店に入った。

　広い店内にはパンもお菓子もどっさりあって、手書きの値札がついていて、その数も山のようにあって、つぶさに見ていると、会社に遅刻しそうだった。こんなにたくさんのパンやお菓子が置いてあるのに、私以外にお客はおらず、深閑としていた。私はお店の醸す、質素ななかに筋の通った雰囲気に、この店はドイツ人が作っているお店なのかなと、ぼんやりと思った。

　私は昔なじみのカイザーと塩ツノといったパンをお昼ごはんにいくつか買って、店を出た。

　それから何度か私は寄り道をしてはこのお店で、カイザーと塩ツノと、たまにローゼとプレッツェルを買った。お店はいつも空いていて、私はゆっくりと店内を歩き回りながら、このチョコレートも似ている、このクッキーの形は同じだなどと思っては、ひそかに思い出の引き出しを開けて楽しんでいた。

　しかし、ほどなくして私は会社を辞め、お店の近くを自転車で通ることもなくなり、足が遠のいてしまった。

　それでもなお、私はこのお店が好きで、気になっていたのである。ある日私は用があって赤坂へ行き、思い出したようにお店に寄った。数年ぶりのお店はなにも変わらず、閉店間際の時間だったこともあって、あいかわらず深閑としていたが、レジには茶色いタートルネックセーターを着た、すらりと背の高い白髪のおじさまが立っていた。ご主人はドイツ人ではなく、日本人であった。

私はなんとなく、これまでお楽しみとして見るだけで、買わずにいたお菓子を買ってみることにして、ご主人にその味を尋ねた。ご主人は職人らしい丁寧さでその違いを教えてくれる。私はつい、昔神戸に住んでいて、よく似たお菓子を食べていたんですと口を滑らせた。するとご主人は「どちらのお店ですか、私はフロインドリーブで修業していたんですよ」とおっしゃったのである。私は腰を抜かすほど驚いた。

ご主人は新潟の出身で、大阪のパン学校に行き、先生として教えに来ていたフロインドリーブのハインリッヒ氏と出会ったのだという。卒業後は別のパン屋さんで修業し、改めて彼のもとで五年間修業した後はドイツへ渡り、さらに五年間修業して帰り、東京でこうしてお店を開いて40年になる。

『ハイデルベルグ』のミックスクッキーはフロインドリーブのクッキーをひと回りずつ小さくしたようなミニサイズ。ライ麦、グラハム、プンパニッケルなどのドイツパンは土曜日限定。小型のハードパンは毎日焼いている

お店のパンもお菓子もドイツ伝統の昔のレシピそのまま、全部手作りだという。フロインドリーブでは、昔はケーキのスポンジも、クリームの泡立ても、パイ生地をこねるのも伸ばすのも、機械ではなく、全部手だった。「結局この仕事は全部手ですからね」とこともなげにおっしゃる。

ご主人は今でもドイツの人たちとのつきあいがあるのだという。ドイツからも注文をもらって、今もパンが飛行機に乗っていますよと愉快そうに話してくれた。

ご主人と私は、細々とした昔の神戸の記憶を話し合ったが、やがて、「さあて、まだやることがありますから」と言って、ご主人は時計を見た。私はずっしりと重いお菓子の箱を抱えて外に出た。外はもうすっかり暗くなって、夜空が広がっていた。

懐かしい味の記憶は常に人を見えないところで支えてくれる。私にとってのその味が、こうして日本全国に点々と星のように存在していることに、故郷を離れて長い私は幸せを感じる。

『カーベー・ケージ』のチョコレート菓子には多くの種類がある。(上から時計回りに)モーン、チョコハウス、フロレンティーナ、ヌスクナカ、チョコシュニッテン、まん中はスイスの山。どれも大らかで贅沢なドイツの伝統菓子

東京ドイツ菓子の店

おいしい味にあふれた大都会東京の片隅で
今日も昔ながらのドイツ菓子が焼けている

人形町❁タンネ

ドイツパンの店。パン屋さんではあるが、ドイツ菓子も充実している。特にチョコレートを使ったクーヘンは多くの種類があって、嬉しい悲鳴だ。ドナウヴェレ(写真手前)、フラーメンデヘルツェン、リーベスクノーヘン(写真奥)、ヌスエケンなど、ドイツ語の響きもよく、どれも素朴な、無骨ともいえる大きさと形で、手作りのおいしさが存分に味わえる。リーズナブルなお値段も嬉しい。近隣で働く人たちも次々に訪れる。人形町と浜町と2店ある。

広尾❁東京フロインドリーブ

ドイツパンの店。神戸にあるフロインドリーブから暖簾分けされ、広尾の地で長く愛されている。パンはすべてお店で焼くオリジナルだが、テーゲベック(写真)やノンパレなどのドイツ菓子の一部は神戸で作られたものを置いている。袋入りのパイもさまざまにあり、もちろん定番のミックスクッキーもある。クリスマス前に焼かれるシュトーレン、芥子の実を使ったモーンシュトーレンもおいしい。近くまで行くと寄らずにはいられないお店。

中野❁こしもと

ドイツ・スイス菓子のお店。商店街の中ほどにあるこぢんまりとしたお店に入ると、中にはドイツ、スイスの伝統菓子が並ぶ。ごく小さなお菓子、たとえばアップフェルキャラメルひとつとっても、材料はシンプルだが、何層にも重ねられた生地のひとつひとつが几帳面に作られ、全体としてどっしりと深みのある味になっている。吉祥寺にあったポール・ゴッツェの店のチーフだったご主人がレシピを受け継ぎ、独立してつくったお店。

西新橋❁ヴァイツェン ナガノ

焼き菓子の店。新橋のビル街の一角にひっそりとある。ドイツのクッキーが多く、どれもごくふつうの小さな手作りクッキーに見えるが、食べると素材のよさがよくわかる、おいしいクッキーである。2つ3つと小分けの袋に入っていて、好きなものを好きなだけ選べるのもよい。てらいがなく、おいしいお菓子を食べてほしいという作り手の気持ちが伝わってくる。ドイツ菓子だけでなく、マドレーヌやパウンドケーキなど、他の焼き菓子も扱っている。

吉祥寺❁リンデ

ドイツパンの店。パン屋さんだが、ドイツの焼き菓子も置いている。リンツァートルテ、ヌストルテ(写真)などのトルテ類の他、チョコとナッツがおいしい三角形のヌスエッケン、甘いパイ類も見始めると、きりがなくなる。どれもレシピに忠実に真面目に作られた味で、お店が長い人気を保つ理由がよくわかる。2階が喫茶コーナーになっており、下で買ったお菓子を上で楽しむこともできる。にぎやかな吉祥寺の街のなかでの止まり木的存在。

おかしなまち

松本

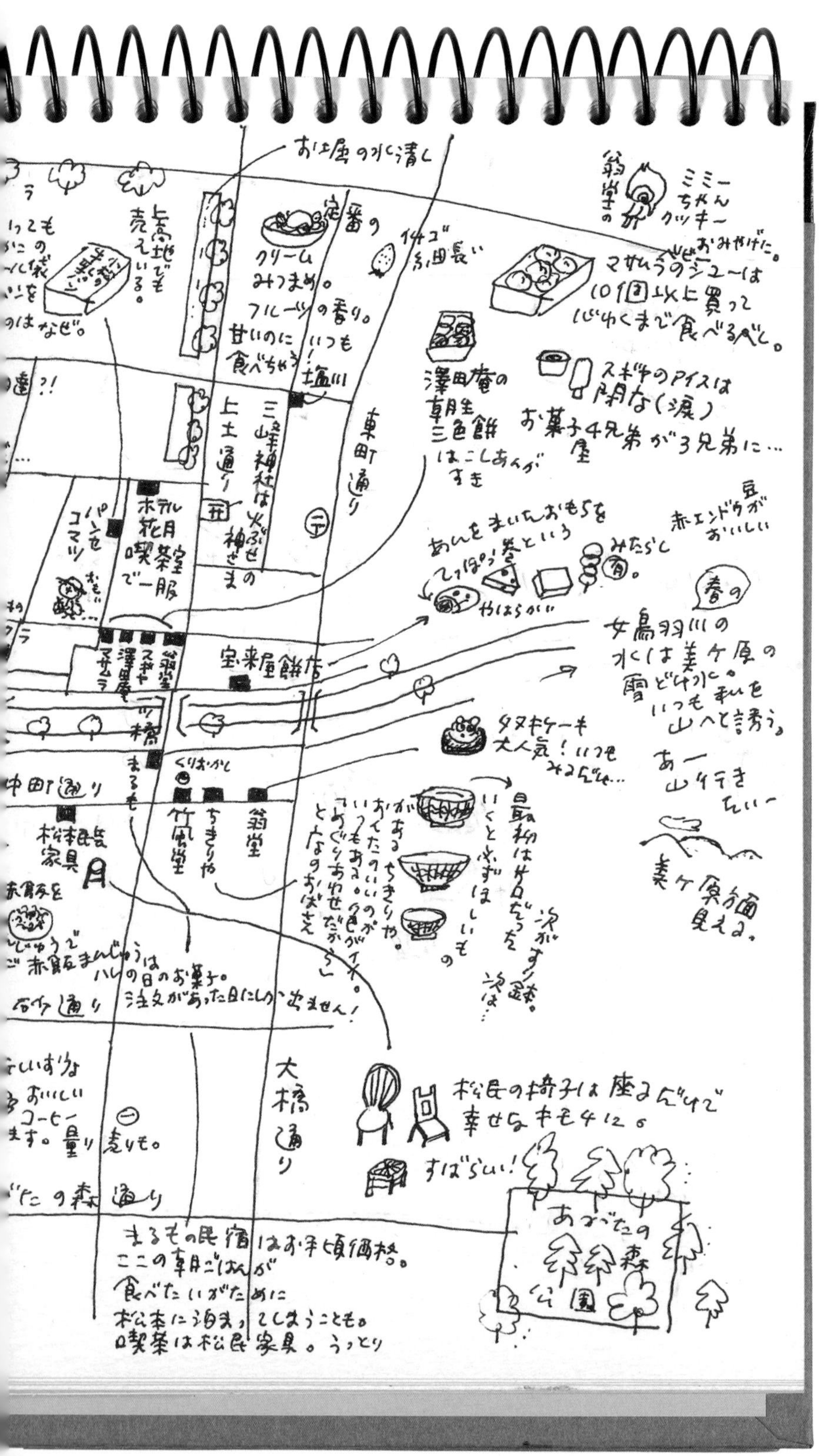

松本は古くからお菓子作りの盛んなまち。
いたるところにお菓子屋さんがあります。
山からの帰り道に寄りたいお菓子の山

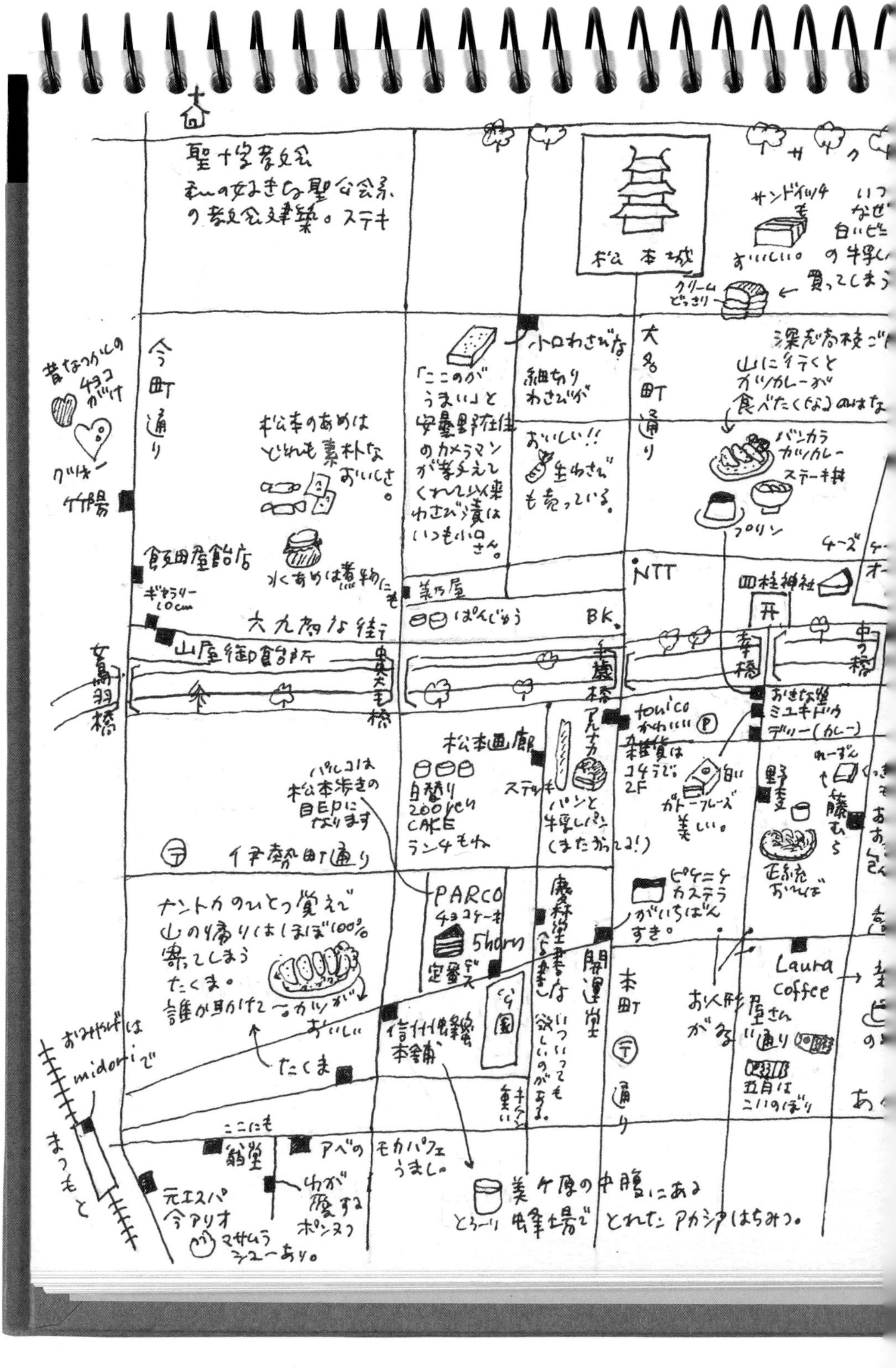

聖十字教会
私の好きな聖公会系の教会建築。ステキ
松本城
サンドイッチもおいしい。
いつなぜ白いビの牛乳買ってしまう
クリームどっさり
今町通り
昔なつかしのチョコがけクッキー
竹陽
ハトロわさびな
細切りわさびが
おいしい!!
生わさびも売っている。
「ここのがうまい」と安曇野在住のカメラマンが教えてくれて以来わさび漬はいつもハトロさん。
松本のあめはどれも素朴なおいしさ。
飯田屋飴店
水あめは煮物にも
ギャラリー10cm
美乃屋
ぱんじゅう
大九あな街
山屋御飴所
女鳥羽橋
中央大橋
千歳橋
大名町通り
深志高校ごし
山に行くとカツカレーが食べたくなるのはな
バンカラカツカレー
ステーキ丼
プリン
NTT
BK.
四柱神社
幸橋
中の橋
おきな堂
ミユキドウ
デリー（カレー）
toui'co かわいい雑貨はコチラで2F
白い
ガトーフレーズ美しい。
アンナカ
ステッチ
パンと牛乳パン（またおってる!）
松本画廊
月替り200円くらいCAKEランチもね
パルコは松本歩きの目印になります
伊勢町通り
PARCO
チョコケーキ
5hor
定番デス
ナントカのひとつ覚えで山の帰りはほぼ100%寄ってしまうたくま。
誰か助けて→カツおいしい
たくま
信州蕎麦本舗
公園
開運堂
本町通り
ピケニケ
カステラがいちばんすき。
れーずん
野麦
藤むら
正統おいしい
Laura coffee
お人形屋さんがある通り
五月はこいのぼり
おみやげはmidoriで
まつもと
ここにも
翁堂
アベのモカパフェうまし。
元エスパ今アリオ
マサムラシューあり。
わが愛するポンヌフ
美ヶ原の中腹にある養蜂場でとれたとろーりアカシアはちみつ。

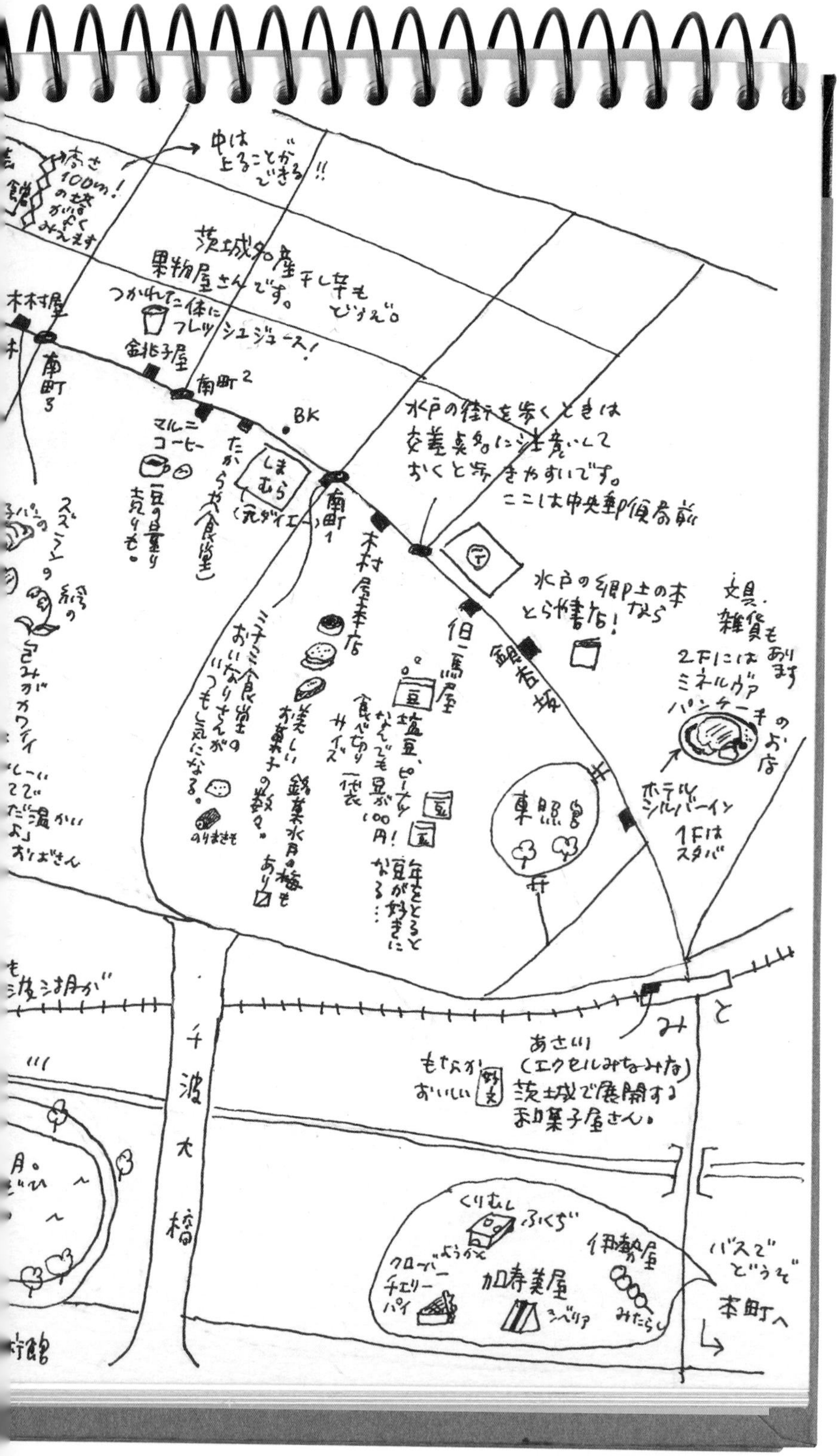

おかしなまち 水戸

水戸の人は水戸なにもないよ、と言いますが、
水戸にはおいしいお菓子がいっぱいあります。
梅園散策や湖畔歩きのお供にお菓子をどうぞ

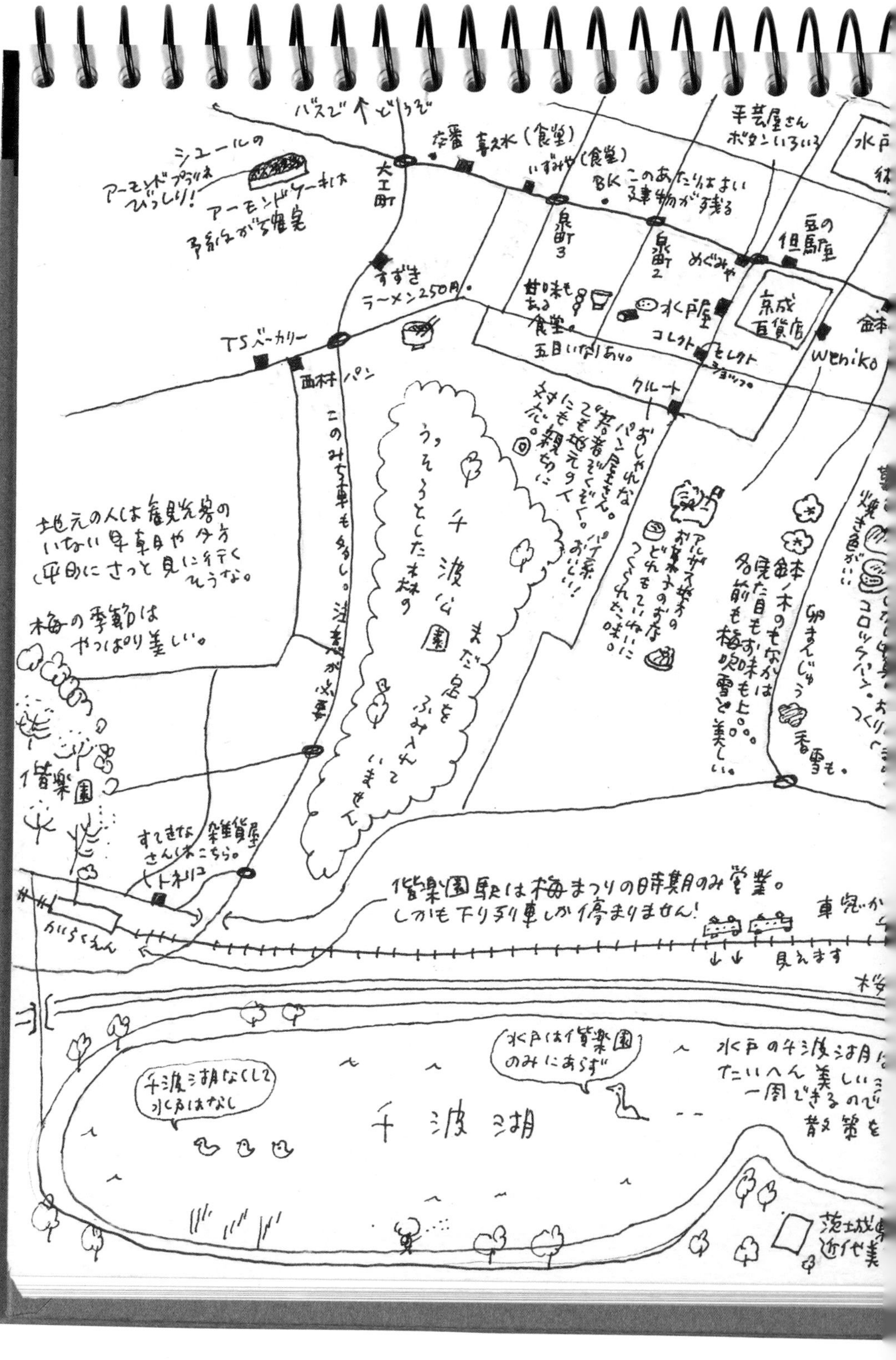

バスで↑どうぞ
播
喜久水（食堂）
シュールの
アーモンドプラリネ
びっしり！
アーモンドケーキは
大工町
いずみや（食堂）
BK このあたりは古い建物が残る
手芸屋さん
ボタンいろいろ
水戸
泉町3
泉町2
めぐみや
但馬屋
すずき
ラーメン250円。
甘味もある食堂。
水戸屋
京成百貨店
コレクト
セレクトショップ。
五目いなりあり。
TSベーカリー
西村パン
クルート
このみちは車も多し。注意が必要
うっそうとした森の
千波公園
まだ足をふみいれていません
おしゃれなパン屋さん。若者でにぎやか。でも地元の人にも親切に対応。
パイ系がおいしい！
どれもていねいにつくられた味。
鈴ノ木のもなかは見た目も味も上々。
卵まんじゅう
香雪も。
焼き色がいい
コロッケパン。
地元の人は観光客のいない早朝や夕方（平日にさっと見に行くそうな。
梅の季節はやっぱり美しい。
偕楽園
すてきな雑貨屋さんはこちら。
トネリコ
偕楽園駅は梅まつりの時期のみ営業。しかも下り列車しか停まりません！
かいらくえん
見えます
水戸は偕楽園のみにあらず
千波湖なくして水戸はなし
千波湖
水戸の千波湖はたいへん美しい。一周できるので散策を

おかしなまち　弘前

弘前はお菓子以外にも見どころたくさん。
あれもこれもと歩く間に日が暮れる。
何度も旅して味わいたい津軽のお菓子

弘前公園
歩きつかれたら
弘前公園で
休憩を。
NHK
地元の女の子が
「ここすてき
です」と
教えてくれ
ました
藤田
記念
庭園
北海道に行く途中で
10年以上前に
弘前を通ったとき
途中下車して三上
工芸だけ寄って
山に行ったことが
ある。これから
山に登ると
いうのに
あけびの
カゴを
買った。
来々軒
三上工芸
七々子
塗のおはし
買う。
一生もの
市立
観光館
津軽の
なんでも
揃ってます！
2Fでは
伝統工芸についても
学べる(勉強になります)
青森の
あさかもち
石岡もちや
お米を細かく
くだいたものを
煎ってまぶして
ある。
中はつぶ
あん。香ばしい
懐かしい香り。
なかむら
なに
やってん
だが。
大阪屋
竹流しと
冬夏の他にも
イロイロあり
ます
弘前こぎん
研究所
農村で生まれた
美しい刺しゅう。
白線が
雪国の冬を
思わせます。
しかない
せんべい
りんごの
のった
土淵川
おいしい！
ホカホカ
黄金焼
田中屋
(津軽塗)
九日松堂の
バナナ
最中
親方に
頼んでも
きいてくれる
けの汁
郷土料理
うちわ
餅
(休業中)
青森出身者に
聞いていた
おな。ざんねん
弘南鉄道
中央弘前
(渋い!!)
デパート
日本キリスト教団
弘前教会
(目印になります)
※開雲堂は
中に入るとクッキ
ロシアケーキ。

大分県竹田周辺では小麦粉と餅粉で作った薄皮にあんを入れて茹でたゆでもちが主流である。ところが県境を越えると忽然と姿を消す

餅の旅

特にお餅が好きだったわけではない。お餅なんてお正月にしか食べないもので、あとはおだんごの形でたまに食べるものでしかなかった。なのに地方に行くと、見たこともない色と形のお餅がどっさりあって、季節を問わず当然の顔をして並んでいて、これはなんだろうと思うと気になって、食べずにはいられない。お餅といっても餅米、うるち米、小麦粉と原料はさまざまで、もちもちしたものを餅と総称しているのだが、特に秋田、新潟、富山、宮崎は、これまで見てきたなかでも稀にみる餅消費県である。なぜみんなこんなにもお餅が好きなのか。お餅は稲作文化伝来の古代から大切な食料であり、神への献上物であり、ハレの日の一品であり、お米のできない地域では贅沢な食べ物であった。たしかにあの清々しく真っ白な美しさといい、もったりとやわらかい感触といい、そして食した後の幸せな満腹感といい、他の食べ物では得られない感覚である。すると私はお餅のすばらしさに気づいていなかっただけではないのか。そう思うと俄然お餅がどこへ行っても目の隅に入る存在になった。お餅が向こうからやってきたのである。

九州日向路　餅街道

神代の昔を思わせる九州東海岸日向路には
独自の餅文化が、今も密かに継続中

竹田✽ゆでもち

小麦粉に餅粉を混ぜた皮につぶあんを入れてゆでたもの。以前は田植えや稲の収穫時のおやつに食べられていた。薄くて、もちもちしている。竹田市内では「はら太(ぶと)」の名で売られている。この地域では他に酒まんじゅう、炭酸まんじゅうも多い。

日向✽あくまき

あくまきは鹿児島、宮崎の旧薩摩藩領で古くから作られているお餅。餅米を一晩灰汁に浸け、翌日竹の皮で包んで灰汁で煮たものにきなこなどをかけて食べる。西郷隆盛が西南の役の際に携帯食にしたとも。灰汁の善し悪しで味が決まり、慣れるとおいしく感じる。

美々津✽お船出だんご

神武天皇が日向から大和にお船出するときに、人々が献上したおだんごと伝えられる。出立が急だったため、予定のお餅が作れず、あわてて米粉にあんを搗き入れたおだんごを作ったので、搗き入れ餅とも呼ぶ。お砂糖は後でまぶす。小豆の風味がよくしておいしい。

佐土原✽鯨ようかん

佐土原の名物菓子。名の由来は、江戸時代、佐土原藩の4代目藩主島津忠高が早世し、残された我が子が鯨のようにたくましく育つように願って、生母が御用菓子司に作らせたと伝わる。米粉を蒸してあんこを乗せ、さらに蒸したもので羊羹というよりお餅(64頁参照)。

国富✽白玉まんじゅう

江戸時代、天領地であった本庄(のちの国富町)は古くから河川交易でにぎわいをみせ、白玉饅頭の店は江戸末期には20軒近くあったが、今は4軒残るのみ。米粉のお餅は2度蒸しのためやわらかく、もちもちしている。こしあんによく合うさらりとした味わい。

高岡✽長饅頭

米粉のお餅であんを巻いたお菓子。饅頭というより餅に近いが、このあたりではこうしたお菓子をなんでも饅頭と呼ぶ。餅米ではなく米粉を使うのも特徴。やわらかくておいしい。地元の人がひっきりなしにやってきて、にこにこしながらいそいそと店に近づいていく。

都城✽かからんだんごとけせんだんご

かからんはサルトリイバラ、けせんはヤブニッケイの葉のことで、どちらのだんごも餅米と米粉を混ぜた粉に練りあんとお砂糖を加えてこね、葉で挟んで蒸したものである。もとは端午の節句に作るものだった。甘みを抑えた味で葉の香りもし、数日経ってもおいしい。

いこもち作ってみた

用意するもの（2人分）

- いこもちの粉100g
- 砂糖100g
- お湯180ml
- 打ち粉・手水　適量

地方スーパーの粉売り場は必見である。地粉の他にも手軽にできる地元餅の粉や小豆も揃っていて、家庭でお餅を作る人にとっては便利な空間。熊本で見つけたのはいこもちの粉。煎った餅粉と米粉のお餅で、作ってすぐ食べられるという。いったいどんな味かしら？

①まず砂糖湯を作る。用意したお砂糖にお湯を少しずつ加えてゆく。泡立て器などで均一に溶かしておく

②粉を正確に量る。お菓子作りは書いてある通りに作れば必ずおいしくできると、昔、母が言っていた

③量った粉に砂糖湯を混ぜていく。この加減は難しいので、少しずつ。そして手でこねていく。力がいる

④こねていくと白い粉が薄い茶色になっていくのが不思議だ。煎った粉の香ばしい香りもいい

⑤固さは耳たぶより固いくらい。固いときは砂糖湯を加える。べとつくときは手水で手を濡らして

⑥頃合いで、打ち粉をしたまな板に移す。冷蔵庫で冷やしてもよいとあるが、温かい方がよいようだ

⑦厚さはお好みだが、今回は5ミリほどにする。端を切り落とし、形を整える。打ち粉は多めに

⑧最終段階。食べやすい形に切っていく。いこもちは焼いたり茹でたりしないので気軽に作れるのがいい

⑨できあがり。このままつまんで食べられる。香ばしく、思っていた以上においしい。そして簡単だった！

作るのが面倒な人は購入もできます

棒状になったいこもちは空港の売店や地元の大型スーパーなどで購入できる

こっぱもちは熊本を代表するお餅。サツマイモをつきこんだお餅で農家の保存食

かんころもちは長崎県のお餅。茹でて寒晒しにしたサツマイモをつきこんだもの

鯨ようかんは米粉のお餅を小豆のあんで挟んだもの。できたては求肥のようにやわらかい

阪本商店は昭和初期創業。現店主阪本スエ子さんの娘さんで四代目。昔ながらの製法を守っている

宮崎県佐土原の鯨ようかんはなにでできてる

佐土原へは鯨ようかんも目的だったけれども、佐土原人形を見に行くのももうひとつの目的だった。土人形や張り子など郷土玩具の類も好きなのである。小学校の脇にある製作所に行くと、ちょうど作り手のおじいさんがいらして、製作工程を親切に案内してくれた。いいのがあったら、ひとつ欲しいと思っていたのだが、実際に目にすると、想像していたよりもどれも立派で大きい。子どもが鯨に乗ったりしているから豪壮といってもいいかもしれない。昔は子どもが生まれた家にお祝いにお人形をあげる風習があったが、そんな大きさである。なかにひとつだけ小さい馬があったので、その前で悩んだが、次の機会にすることにして、おじいさんにお礼を言った。おじいさんは次はどこに行くのかと問い、佐土原でここは行っておきなさいというところはありますかと聞くと、名物は鯨ようかんだから、ぜひ行きなさいと言う。そして『阪本商店』が評判ですぐ売り切れてしまうからと言って、電話帳を持ち出してきて、私がいいからと止めるのも聞かず、わざわざ電話をかけて一折取り置きしてくれてしまった。

　これはなにがなんでも行かねばなるまい。教わったとおりに行くと、お店には鯨ようかんの暖簾がはためいていて、すぐにわかった。中には人がおらず、奥をのぞくとそこが厨房で、薪をくべた竈にかけた蒸籠から白い湯気が上がっていた。

　蒸籠の横にはあんを練った大鍋がかかっており、隅には石臼と杵が置いてある。その昔ながらの製

まずお餅をこねて蒸籠で一度蒸し、あんをのせ、お砂糖と水を混ぜたものを塗り、もう一度蒸す

鯨ようかんを作る店は佐土原の町内に10軒ほどある。生菓子なのでその日のうちに食べたい

蒸し上がったら15分ほどおいてお餅を白い背中合わせにくっつける。1本を等分に切って完成

1回に6本、都合30個作る。これを繰り返して1日に10回ほど作る。毎朝3時起きという

造現場に仰天していると、女の人が戻ってきて、ここでも親切に作り方を教えてくれた。

そもそも鯨ようかんとは奇妙な名前である。名前だけ聞くと、鯨肉でできた食べものだろうかと思ってしまう。写真で見ると、黒いあんと白いお餅のツートンで、なるほどこれはお菓子で、この色合いが鯨に似ているからだなと察しがつく。しかし全体としては、お餅を二枚合わせた形で、ようかんというより、お餅と呼ぶべきではないのかという新たな疑問も生じる。そして今ここで見る、蒸籠の中に長々と寝そべった形は鯨に似ていなくもない。なにかと混乱の多いお菓子なのである。

定説によれば、佐土原藩主だった島津忠高が早世し、幼い我が子の行く末を案じた生母が鯨のようにたくましく育ってほしいと願って作らせたのが、この鯨ようかんだったという。他にも日南海岸沿いの油津には鯨餅があって、これは村が飢饉に陥ったときに打ち上げられた鯨が飢えを救ったため、人々は手厚く葬り鯨魂碑を建て、お祭りの日にはあん入りの白いお餅に鯨の黄色い線を引いたものを供えるそうだ。現在も日南海岸には時折鯨が漂着するという。捕鯨の歴史はないが、鯨との縁は浅からぬものがあって、人々には海の神様を敬う気持ちがあるのだろう。

できたての鯨ようかんはやわらかく、昔から日本にある、あんとお餅の味であった。私は甘い鯨を食べながら、おじいさんの工房に行って、鯨は無理でもやっぱりあの馬を買わねばなあと思った。

ところ変われば柏餅も変わる

四国阿波地方における柏葉の形についての一考察

人間誰しも自分が生きてきた環境で身につけたことが世の常識だと思っている。しかしひとたび小さな世界を出れば、その常識はいとも簡単に覆される。それは柏餅の葉っぱひとつとってもそうだ。

徳島の阿波地方を旅していたときに出会ったのは、サンキライの葉でお餅を挟んだ柏餅だった。サンキライとは低山に生える蔓性の木で、光沢のある丸い葉がきれいな植物である。サルトリイバラが正式名称だ。しかし当然カシワではない。この地方ではカシワが生えないのだろうか。だから手近にあるもので代用しているのだろうか？

泊まった宿で女の人に聞くと、「柏餅ですか？　山からカシワの葉を取ってきて、包むんです。蔓になっている丸い葉でね。徳島市や阿南の方ではぐにゃぐにゃした変な形の葉っぱを使いようけど、名前は知らんわね」と言う。とてもその変な形の葉っぱがカシワだとは言い出せない。それで中のお餅について聞くと「茶色いのは練りこみといって米粉と餅粉を混ぜた粉にあんこを練りこんで作るんです。白いのは中にあんこを入れます」。話をしている間に、はたきを持ったおばさんや三角巾をかぶったお姉さんが集まってきて、口々に「柏餅は山に葉っぱもあることだし、一年中作っていて、いっぱい作って冷凍しておくんです」「集まりがあると持って行ったりするわね」「ニッキの香りのする細長い葉っぱにお餅を挟むこともあります。香りがついておいしいですよ」「どこの家でもおやつに作るわね」「ニッキのも柏餅って呼んでますよ」と盛り上がる。そして都会の人はおかしなことに興味をもつねという顔で笑っている。

ニッキ（ヤブニッケイ）のお餅もかしわ餅

宇和島ではかしわ餅らしくよもぎ味もあり

出雲のかしわ餅は米粉製であんはこしあん

愛知では麩まんじゅうを包む

以来気をつけていると、阿波地方だけでなく、愛媛県でも、山口県の瀬戸内海側や日本海側の島根県でも、サンキライで包んだお餅をかしわ餅と呼んでおり、また関西や九州でもお餅を包むのにサンキライを多用することがわかってきた。しかしなぜサンキライをカシワと呼ぶのかは、依然としてわからない。

そこで言葉の意味を調べると、古語では炊事することをかしくといい、食べものを置く葉を総称してかしわと呼んだ。このため、かしわという言葉は、葉の形や種類にかかわらず、食べものを置く、包む葉っぱという意味で、特に西日本でずっと使われてきたのではないだろうか。

こうして調べていくうちに、もはやサンキライの柏餅は、私にとってなじみ深い、いつもの柏餅となったのである。

同じ愛知でもこちらは道明寺餅を包む

大分ではサンキライを蒸し皿として使用

滋賀の長浜名物がらたてはサンキライ使用

東京羽村でもサンキライ餅を発見

お餅を包む葉っぱ図鑑

古来より人間は自然界にあるものを日常の道具として生活に取り入れてきた。植物の葉もそのひとつ。食器や包装として利用してきたその長い歴史がお菓子にはまだ残っている

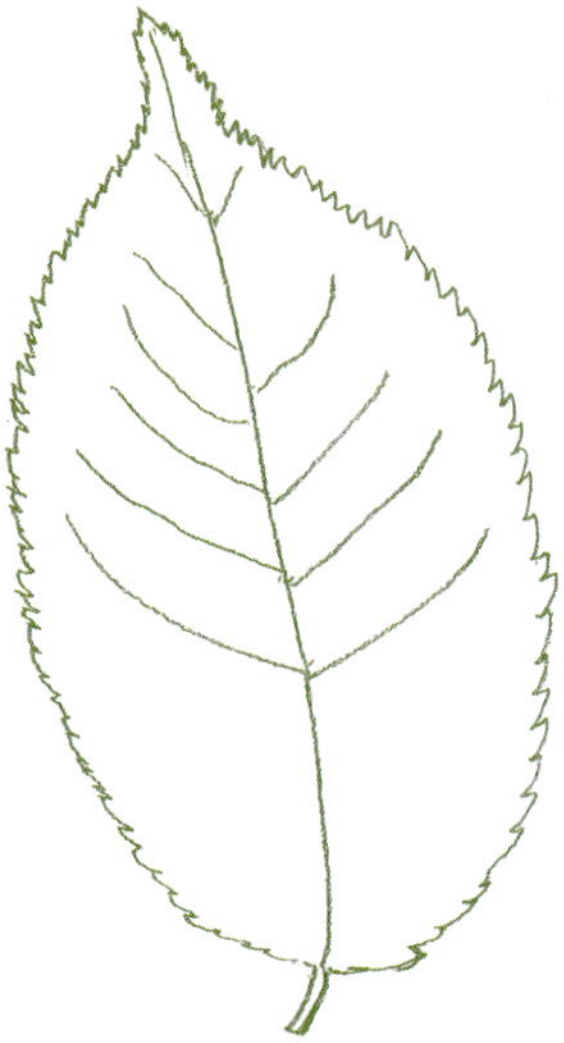

サクラ【桜】(バラ科サクラ属)

全国的に桜餅に使われる。生の葉をそのまま使うのではなく、塩漬けにしたものを使用する。桜葉の塩漬けの生産は伊豆半島の松崎町が全国シェア70％を誇る。塩漬けに使われるのはオオシマザクラという品種で、伊豆諸島や関東南岸の半島に多いサクラ。あの独特の香りは葉に含まれるクマリンという成分によるものである。

カシワ【柏】(ブナ科コナラ属)

全国的に柏餅の葉として用いる。特徴のある形で誰でも覚えやすい。日本に古くからある木で、もとは炊葉(かしきば)と書き、その形と大きさから食器や包装として使われ、丸いドングリは食用にされた。また、春に新葉が出るまで古い葉が枝に枯れ残るため、子孫繁栄の願いをこめて、端午の節句に柏餅を食べるようになったといわれる。

ヤブニッケイ【藪肉桂】
(クスノキ科クスノキ属)

主に四国徳島、九州宮崎、鹿児島などで使用される。お餅を上下2枚で挟むことが多い。名前の由来はシナモン(肉桂)に似た香りで、山地のヤブに生えるため。徳島ではかしわ、宮崎ではけせん、鹿児島ではきしんなどと呼ぶ。葉には厚みと光沢があり、ニッケイの香りが餅粉を蒸して作ったお餅に移って、ほのかに香る。

ササ【笹】(イネ科ササ属)

主に北陸、上越他日本海側でお餅や生麩、葛菓子などを包むのに使われる。ササには多くの種類があり、判別が難しいが、その名もチマキザサと呼ばれるササが最も一般的。日本海側の山地に生え、葉の両面に毛がなく、つるっとしていて使いやすい。これに対し、太平洋側にはミヤコザサが多く、裏面には毛があり、冬には枯れてしまう。

ゲットウ【月桃】
（ショウガ科ハナミョウガ属）

主に九州、沖縄でお餅を包むのに使われる。九州南部以南に自生し、民家周辺や林縁などでふつうに見られる。葉は大型で40cmから70cmほどになり、芳香がある。この葉でお餅を包んで蒸したものをむーちーと呼ぶ。別名さねん、さんにんなども呼ばれる。よく似たクマタケランの葉も同じようによく使われる。

ホオ【朴】（モクレン科モクレン属）

主に中部地方でお餅を包んだり、葉をお皿にして味噌焼きを作ったりする。葉が30cm以上と大きくなるため、古来より食器として使われてきた。全国的に自生するが、葉をよく利用しているのは長野、岐阜両県で、他県ではあまり見られない。初夏に香りのよい大輪の白い花を咲かせ、輪生状につけた大きな葉とともに山中でよくめだつ、大変美しい木。

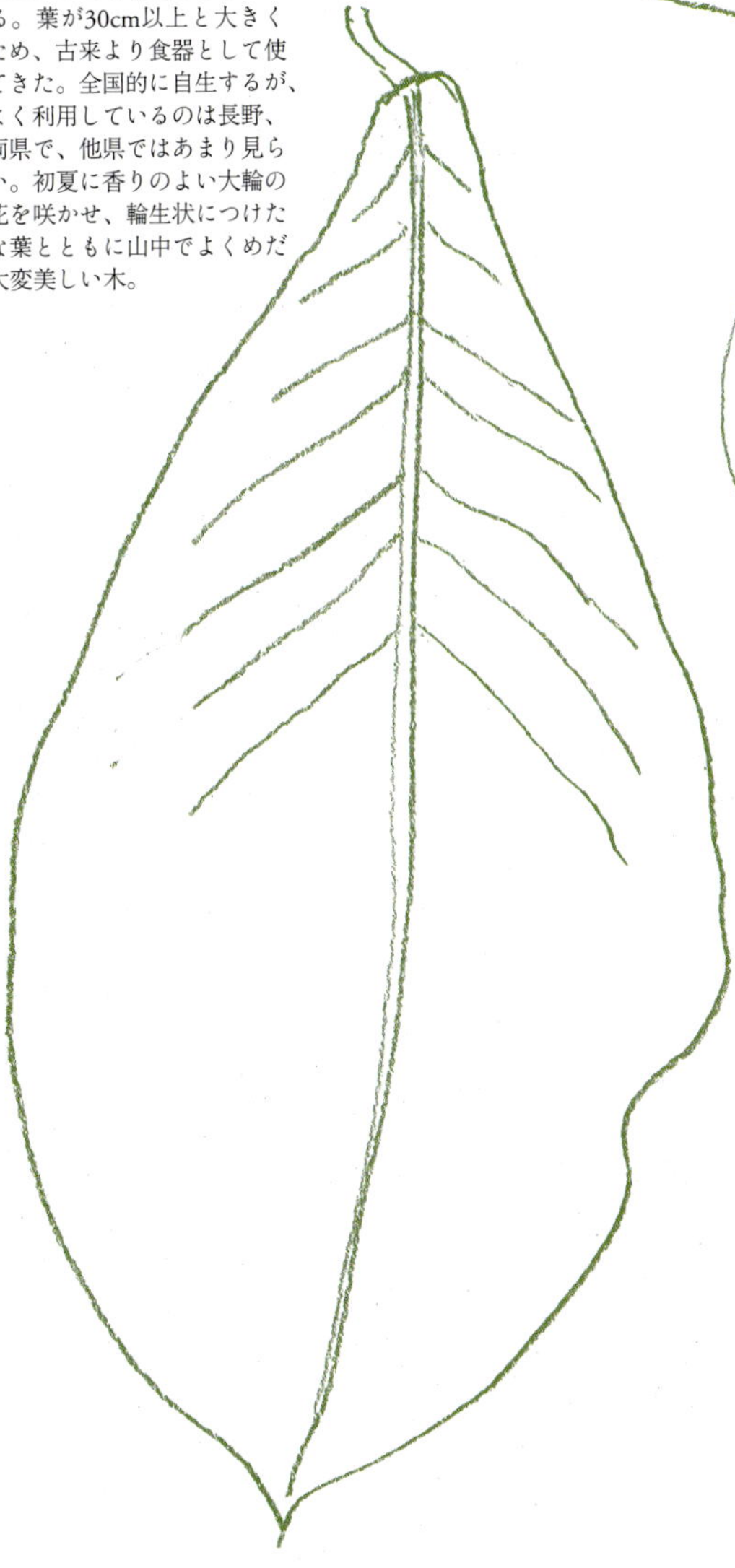

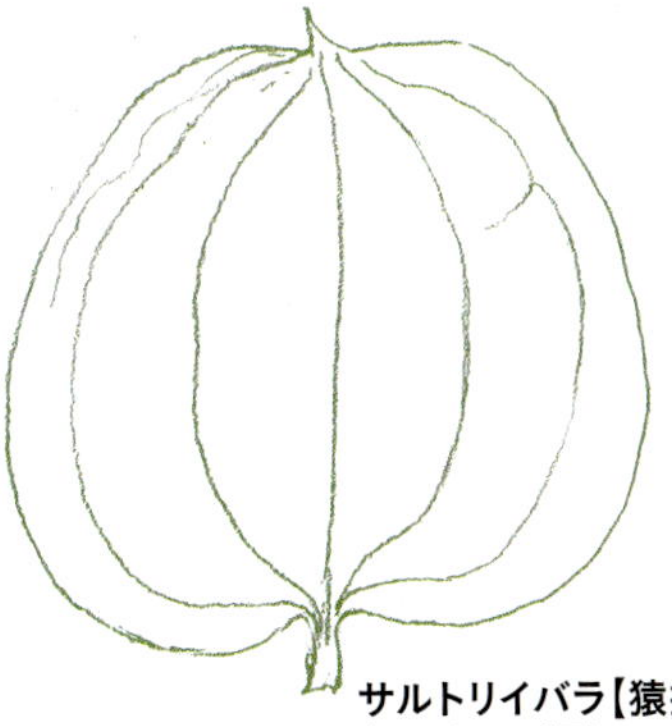

サルトリイバラ【猿捕茨】
（ユリ科シオデ属）

主に西日本（中国、四国、九州）または愛知県などでお餅を包むのに多用される。別名も多く、さんきらい（山帰来）が代表的な呼び名だが、山陰ではかたり、四国ではかしわ、九州ではかからんとも呼ばれる。西日本でいうかしわ餅はこの葉で包まれていることも多い。蔓性で他の木にからんで生え、秋には赤い実がなる。

ツバキ【椿】（ツバキ科ツバキ属）

主に道明寺餅を上下2枚で挟む椿餅に使われるが、その数は多くない。しかしお菓子の由来は古く、『源氏物語』に記述が見られ、現在も春先に和菓子店に並ぶ。つるつるとした光沢のある葉で、お餅向きに思われるが、あまり利用されないのは大きさが足りないゆえだろうか。ツバキは花の美しさから品種改良が重ねられ、園芸種も多数ある。

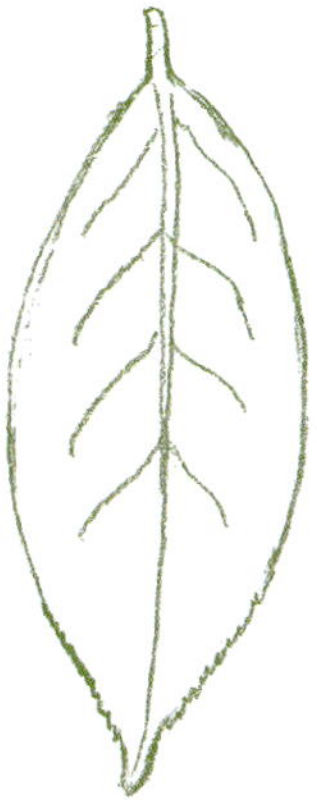

桜餅は道明寺派？長命寺派？

塩漬けの桜の葉で包んだ桜餅は春に食べる和菓子の代表格だが、実は桜餅には二種類あって、道明寺粉で作った餅であんを包んだ道明寺と、薄く丸く焼いた小麦粉の皮であんを巻いた長命寺がある。一般に道明寺は上方風、長命寺は江戸風とされており、実際に道明寺は大阪藤井寺、長命寺は東京向島にある。関西出身の私は当然のことながら桜餅イコール道明寺として育ち、道明寺などという言い方すら知らなかった。長じて関東に越してきて初めて、長命寺型の桜餅に遭遇したのである。このクレープ巻が桜餅？嘘やんか。個人的には、道明寺のあのつぶつぶが甘いごはんのようでさほど好きではなかったのだが、だからといって全然別のものを桜餅といってもらっては困る。今でこそ関東でも「道明寺」という名で上方の桜餅を購入できるようになったが、依然として「長命寺」を桜餅と称することに変わりはない。道明寺派としてはなにか釈然としないではないか。そこで地方に行くたび、それが春の季節ならば必ず和菓子店に並んでいる桜餅の分布をひそかに調査することにした。今回はそれに加えて日本全国の方に出身地での桜餅の形態について尋ねてみた。方言は天竜川で関西と関東に分かれるともいうが、桜餅も天竜川を渡れなかったのか、それとも？

各地の目撃情報

新潟県長岡

中のあんに白あんあり。大変珍しいケース

茨城県水戸

水戸では長命寺がごく一般的

宮崎県宮崎

道明寺のパック入りを道の駅で販売

静岡県島田

併売店を発見。「昔からこうよ」とお店の人

福島県会津若松

会津、喜多方では黄色い道明寺が出現

調査結果

調査人数は95人。調査によると、静岡以西の西日本はほぼ道明寺、静岡から併売が始まり、首都圏は併売、群馬、栃木、茨城は長命寺、東北の多くは併売県だが道明寺が多く、北陸は石川県以外、おおむね道明寺という結果であった。特徴的なのは静岡で、西から島田(併売)、静岡(長命寺)、富士(道明寺)、熱海(併売) と推移する。やはり天竜川は静岡である。また例外的に島根、鳥取、山形、秋田は道明寺地域にあって長命寺が主流の県で、江戸で修業した職人が帰郷したとも、大名が江戸風を好んだともいわれる。江戸中期からある桜餅だが、現在はこうした地域性も徐々に失われており、首都圏の併売状況もその証といえる。なお調査結果は各個人の体験によるものなので、ご参考までに。

取るべきか取らざるべきか?

桜餅に関しては、皆さんお餅よりも葉に意識がいっている。「葉脈のゴソゴソが嫌。チョコに銀紙がついたままだったような感触」という人もあれば「塩漬けの葉が好きで偽物の葉まで食べようとした」「柏餅の葉も食べられると思って食べてしまった」という人もあり、「親が教えてくれるまで、食べるものだと知らなかった」「葉を食べるか食べないかで兄弟で論争」という家庭あり、最終的には「大人になってから塩漬けの葉と甘い餅を一緒に食べる味わいを知った」という意見に集約される。葉っぱもご一緒に、ぜひどうぞ。

…道明寺
…長命寺
…併売
道明寺しか見かけたことはありません(北海道)
北海道
青森
小さい頃から長命寺ばかりでした(秋田)
秋田
岩手
道明寺。桜餅は残雪が白く凍った寒い日にこたつにあたりながら食べるお菓子という印象です(岩手)
新潟は京菓子の流れなので道明寺です(新潟)
山形
宮城
新潟
福島
富山
石川
群馬
栃木
茨城
福井
長野
埼玉
東京
千葉
地元の店にはもちろん両方の桜餅がありました(千葉)
岐阜
山梨
神奈川
道明寺。色は白やピンクがあります(広島)
都会にいって初めてクレープ状の桜餅を見たときはショックでした(岡山)
鳥取
島根
滋賀
京都
兵庫
岡山
愛知
静岡
道明寺以外の桜餅があるの?(山口)
広島
大阪
三重
山口
香川
奈良
徳島
和歌山
福岡
愛媛
高知
佐賀
大分
長崎
熊本
宮崎
鹿児島
熱海の和菓子屋にはどちらも一緒に売っています(静岡)
道明寺も桜餅というのですね、知りませんでした(東京)
沖縄
もちろん道明寺。実家のある近鉄の路線に道明寺があった(大阪)
今まで長命寺の桜餅があることを知りませんでした(徳島)
買う発想はなく、餅米を蒸して作った手作り桜餅しか食べていない(鹿児島)

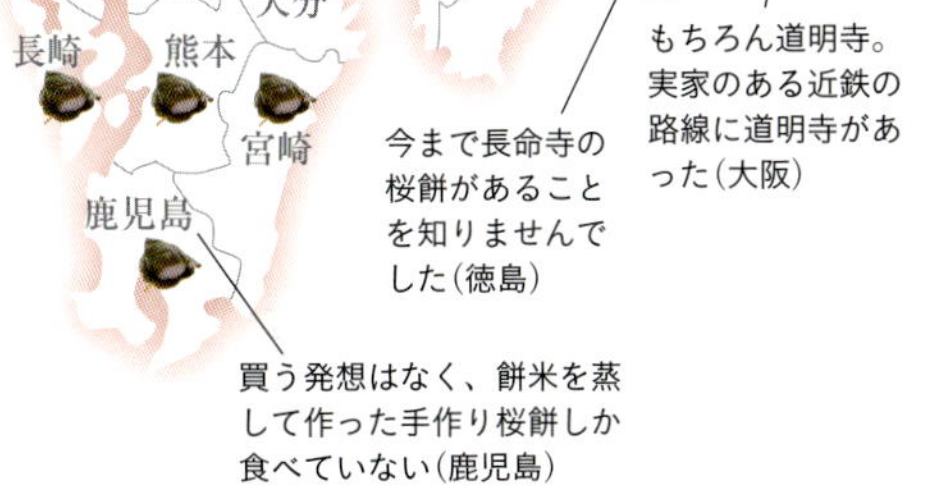

千葉県房総

千葉は併売県だが長命寺の方が圧倒的に多い

東京都八王子

昔は東京も長命寺一点張りだったが最近は併売

石川県輪島

円筒形でなく柏形の長命寺。山形も同様

餅の旅

高知朝市で餅を買う

地方の朝市は危険だ。特に高知の朝市は危険だ。なぜなら高知の朝市にはものすごくたくさんの店が出て、ものすごく欲しいものばかりが並ぶからだ。朝市とは基本的に地元の人のお買い物の場だから、どの店先もみな、その日に食べる新鮮でおいしいものに溢れている。それらはかさばるとか重いとか日持ちしないとか旅人にとっては不都合な事情など当然まったく関係ない。お餅なんてその最たるものだ。すぐ固くなるし、重いし、なのにおいしいし、旅人の敵だ。だから旅先で朝市に遭遇して、やむなく突入するときは、買わない買わない今日は買わない、買っちゃいけないと心に強く言い聞かせながら歩く。ああこれが家の近所にあったならどんなにかすばらしいだろう。つい乾物なら軽いからとか、茄子なら中がスポンジだからとかなんとか言い訳しながらなにかひとつでも買ってしまうと、もうアーウト。お餅屋の前で足を止めている自分を発見してしまう。あんもち、とちもち、よもぎもち、かしわにあわにあずきにつぶあんこしあん、蒸しパンまで揃って、おばさん私に勧めないで。全部買うから。

うる
きねつき
吉餅
うる餅
東山餅
高きび餅
小きび餅
よもぎ餅
さとう餅

500円
300円
いも餅
300円

けいらんについて、

つるっとした白いもち肌の、あん入り餅に蛍光色の餅米がふんだんにちりばめられている、このお餅はいったいなんだろうか?

私がけいらんに初めて遭遇したのは三重県津のお餅屋であった。けいらんとは鶏卵を意味するのか、それとも別の意味なのか? お店で聞いても確たる意味はわからなかった。

別の地方でも気をつけて見ていると、同じものがいがもちという名で存在している。表面の餅米がいがいがしているから、いがもちと呼ぶのだろう。三重以外にも富山、愛知、山口、長崎にいがもちはある。

さらに山形には稲花餅と書いて、いがもちと読むお餅が存在していることを知った。これは秋田のなると餅に酷似しているが、しかしなると餅はいがもちとは呼ばれない。おそらくこれは、なると餅が古くは粟で作られており、米粉と餅米のお菓子とは成り立ちがまったく違うことも関係しているのだろう。

また、石川の輪島には、えがらまんじゅうといってぺったんこのあん入り餅に両面びっしり金色餅米をまぶしたものがある。このようすはいったい何事だろうかと思っていたが、これは金沢の婚礼菓子、五色生菓子のひとつであることがわかった。「日月山海里」を表す生菓子のうち、山がこのえがらまんじゅうで、黄金色に輝く岩（山）を表しているというのだ。なんとまあ高雅な趣味であろう。また一説には、餅米の粒々が山の幸である栗のいがいがを表して

愛知県一色のいがもち。こぶりのあん入り新粉(米粉)餅で、色づけした餅米がついている基本形。ひな祭りの時期に作るとのこと

三重県伊勢のいがもち。同じ三重県の津で見たときとほぼ同形。餅米の色は黄色一色。いがもちのあんはどこもほぼこしあん

秋田県角館のなると餅(上)とえびす餅。今は餅米で作るが、昔は粟で作っていたため、黄色い花模様はその頃の名残といわれる

三重県津のけいらん。初めて遭遇したのがこのお餅。伊勢神宮への参宮街道沿いにあるお店で、江戸時代から作られているお餅である

山形県酒田の稲花餅。笹の葉に乗り、見た目は角館のなると餅に似るが、こちらは新粉餅に餅米がついた基本形。山形の蔵王にもある

長崎県平戸のけいらん。いがもちではなくけいらんと称している。他地域との違いは、お餅に色づけがされて、上部の餅米が白い点

富山県富山のいが餅。いが餅は柏餅が終わった後6月から8月にかけて作るお餅で、柏餅と同じお餅(米粉餅)を使うという

石川県輪島のえがらまんじゅう。金沢には「日月山海里」を表す五色の婚礼菓子があり、このお餅は黄金色に輝く岩(山)を表すとも

わたしはしりたい

いるともいわれる。

さらに新潟や埼玉にはいがまんじゅうという、お餅またはおまんじゅうにお赤飯をびっしりつけたものもある。しかしここまでくると、もはやけいらんとは別物である。

けいらん、すなわちいがもちは、私の調べた範囲によると、もとはひな祭りに作られるお餅で、女の子の成長を祝うものであった。そのため、お餅もおめでたい卵の形をしていて、その形からけいらんと呼ばれたのではないかと思われる。全国で作られるひな祭りのお菓子は新粉細工といって、米粉でつくることが多い。けいらんも同じく米粉で作ったお餅だ。ただ、なぜこうしたいがいがしたものがお節句菓子だったかはわからない。また、いがもちは江戸時代にはごく一般的なお菓子にもなっていたようである。

こうして調べていくうちに、新しいけいらんも見つかった。ひとつは秋田県鹿角で、餅粉のお餅にあんを入れて、おすましをはったものをけいらんと呼んでいる。その形が卵を連想させるためだと思われる。今ひとつは佐賀県東松浦で、米粉を蒸して伸した皮であんを包んだもので、こちらはまったく卵とは関係なさそうなのに、けいらんと呼ぶ。やはり米粉のお餅だからだろうか?

話はすでに地元菓子の域を離れ、伝統食の研究に入っている。こうしてけいらんはころころと弾んで転がり、それを追う旅はどこまでも果てしないのであった。

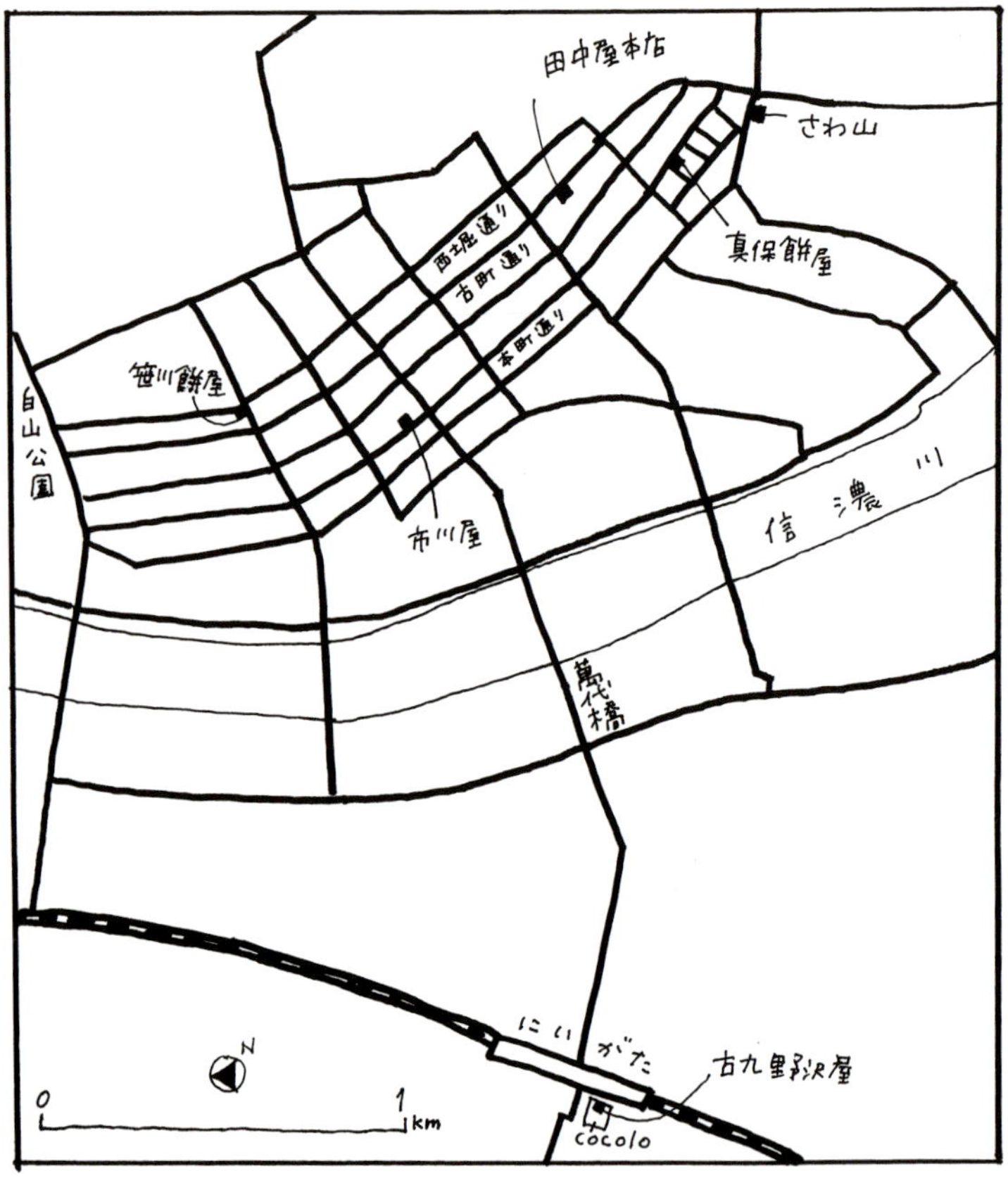

もちのまち

新潟

新潟を訪れたのは冬。新潟では笹だんごがお餅界のトップに君臨しており、和菓子屋では必ず置いているが、他にも多くのお餅がある。

新潟のお餅の特徴は上新粉（米粉）のお餅であること。餅と呼びながらその多くが餅粉製ではない。新潟は米どころだが、古くから米農家では上質の米を売り、自家用に品質の落ちる米を粉にしてお餅を作っていたことが関係しているのかもしれない。笹だんごも上新粉に餅粉を混ぜたお餅である。

駅の売店で売っていた、新津市の三色だんご。ごま、白あん、小豆あんの三色

笹餅ではなく笹巻と呼ぶ。店によって巻き方は異なる。中は甘いあん入りの上新粉餅

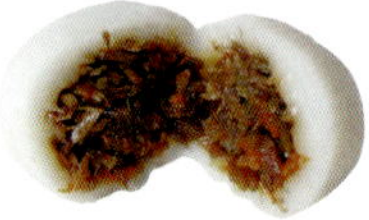

あえものは中に細切りの甘辛く煮付けたきんぴらごぼうが入っている。海藻入りもある

右はおやき。左があえもの。おやきは甘いあんでなく、塩あん入り。いずれも上新粉製

大福は多くはないが売っている。青豆入り、きなこなどがある。他に正油おこわも多い

甘辛たれのみたらしだんごは新潟では正油だんごと呼ぶ。やわらか餅にたっぷりのたれ

王者笹だんごは、餅粉と上新粉のお餅によもぎを混ぜたもので、中はつぶあんが主流

左は椿もち。ういろうに似るが小麦粉製。椿の葉も使わず、異色の存在。右は笹巻

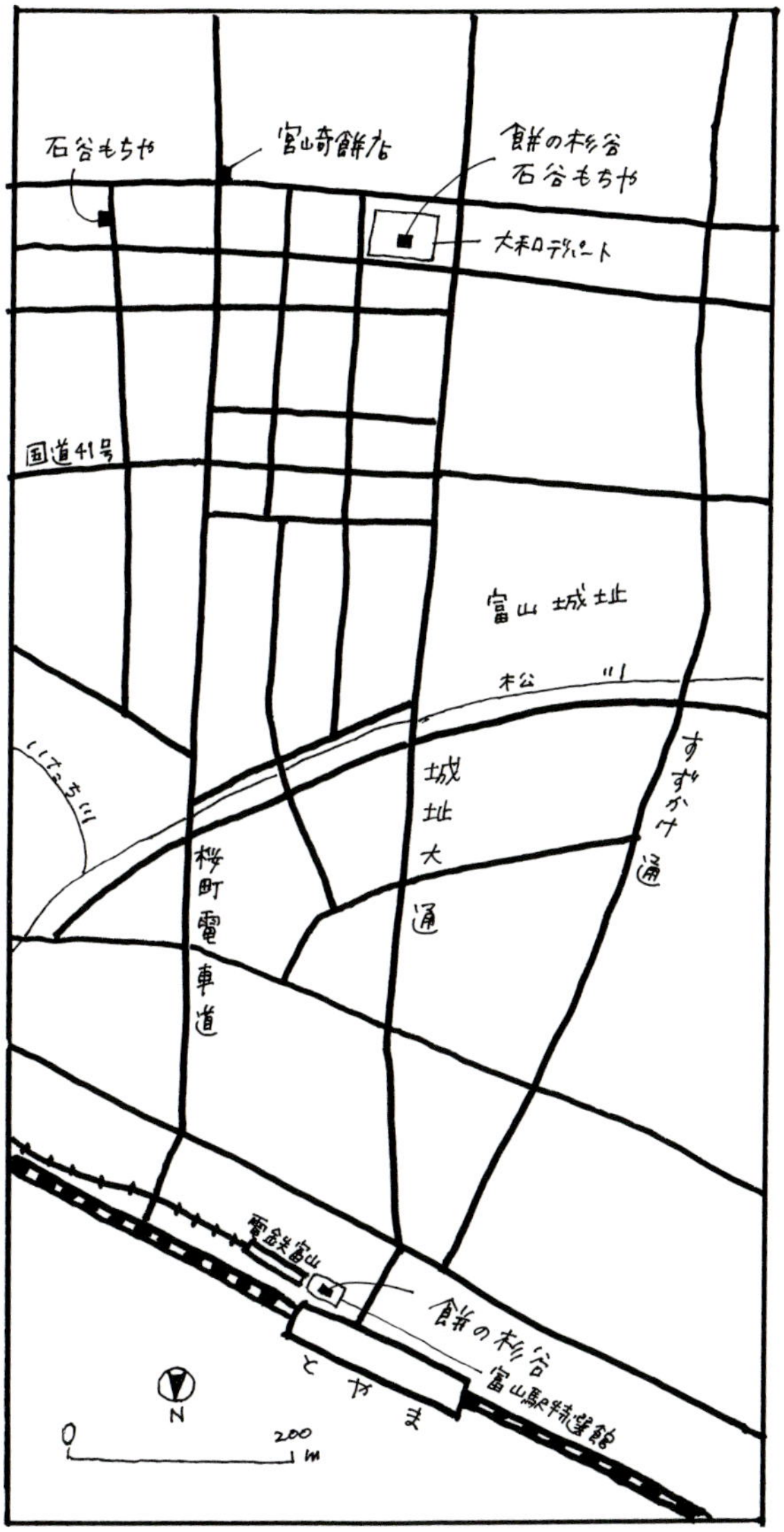

あやめだんご(左)はとろりとした黒蜜のたれ。昔はアヤメの時期に作ったため

できたての笹餅はやわらかく、笹にはりついている。お餅に黒豆を加えるのが富山流

富山でいうおやきはよもぎ餅にあんを入れて焼いたもの。新潟とも長野とも違う

くるみ餅は羽二重餅にくるみが入ってきなこがかかっている。よもぎの羽二重もある

笹餅は白餅に豆が入って、ほんのり甘い味がする。笹でくるんだだけのシンプル形

こんぶ餅は丸も四角もある。塩味で甘くない。ごはんとして食べてももちろんよい

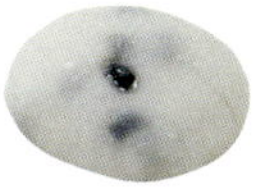
豆餅にはあん入りとあんなしがあり、豆餅下さいと言うと、「あん入り?」と聞かれる

あんころはあんでくるんだ小餅。あんはしっかり甘い。富山の餅はあんより餅が重要

富山

富山を訪れたのは夏。夏でもお餅は当たり前にある。

富山のお餅の特徴は、平たいこと、やわらかいこと、黒豆を入れることの三点。あん入りも含め、どんなお餅も平たいのが印象的だ。

上記の他に「ながまし」というお餅がある。薄いピンクや緑や黄色に色づけして、桜の焼印を押したあん餅で、昔は十二月八日の針供養の日に婚家に娘の実家が届けたお歳暮だった。今では生菓子、針歳暮の名で売られている。また富山では、のした餅をとぼと呼び、これを切ったものをとぼ餅として販売している。

門前の餅

焼餅の店は現在3軒。『よねや』は創業60年

滝の焼餅は江戸時代から続く門前の餅

薄いお餅なので、一度に10枚は軽々である

米粉と餅粉を混ぜた粉にあんを入れて焼く

晩秋の境内は人もまばらで、ろうそくを灯して帰った

徳島県徳島　滝薬師の焼餅

滝の焼餅のことは古い和菓子の本で知ったのだった。徳島の駅から眉山の麓にある滝薬師まで行くと、隣の春日神社の入口に縁台にかかった緋毛氈がちらっと見えた。お薬師さまにお参りし、緋毛氈の店に戻ると、お米屋のお兄さんが粉を届けに来たところで、私たちが来たのを奥に伝えてくれたようだった。お兄さんは会釈をして去り、代わりにおばさんが出てきた。

一皿頼むと、鉄板の上からやかんをどけ、やっこらせと鉄板の前に座り、水道で手を洗い、脇に置いてあった粉を湿したものとあんを入れた鉢からふきんを取りのけ、ちょちょっと指で取って、ふなふなっと独特の手つきでこねて、ぽんと鉄板の上に置き、菊の焼印をつけたらすぐ返して、ものの数分で焼餅はできあがった。

表の緋毛氈に持っていって食べると、焼いたお米の香ばしい香りがする。やっぱり足りなくてもう一皿頼んだら、今度はおじさんも出てきて対になって焼いてくれた。焼いているときも、そうでないときもふたりはしんと黙っている。

また緋毛氈の上で食べていると、おじさんが表に出てこられたので、店先にある大輪の菊はおじさんの作ですかと聞くと、知り合いが持ってきてくれたと言う。そして自分がその人に教わって作ったのはこれと言って、貧相だけどと謙遜されるので、それもいいですねと言うと、菊はむずかしいなどと言っている。菊にはバッタが止まっていて、花びらを悠長に食べていた。

和歌山県新宮

熊野速玉大社のもうで餅

熊野速玉大社は熊野那智大社、熊野本宮大社と並ぶ熊野三山のひとつである。もうで餅は『珍重庵』で製造。速玉大社と熊野本宮の門前で売られている

速玉大社にお参りしたのは暑い夏の日だった。こんなに暑い日なのに、もうで餅のおばちゃんは赤い番傘をさして店を出していて、近寄るとさっそくお餅の説明をしてくれた。

お店は近くにあるが、もうで餅は門前でしか売らないこと、だからおばちゃんは一年中三百六十五日ここでこうしてお餅を売っていること、あん入りのお餅には玄米粉がかかっていて香ばしいこと……真っ黒に日焼けして元気いっぱいのおばちゃんが話してくれるのを聞きながら、お餅の箱が山と積まれた横に見慣れない葉のついた小枝が置いてあるのに気がついた。

おばちゃん、これはなにと聞くと、ナギだという。そして「ひとつあげましょか」といって小さな実の付いた枝をくれた。ナギの葉は旅の安全を守ってくれるお守りで、八《や》咫烏《たがらす》が神武天皇を大和にお連れする際にその小枝をくわえていた伝説に由来するのだという。境内にはナギのご神木もある。銀杏に似た実は数珠に使うそうだ。おばちゃんは、葉っぱは一枚だけお財布に入れるんですよ、何枚も入れたらいかん、欲をかいたらいかんと何度も念を押した。

無論お餅は買ったけれども、お餅よりナギの小枝の方がずっと嬉しかった。今もお財布にはナギの葉が一枚だけ入っていて、おかげで旅はいつも安全である。おばちゃん黒く日焼けしてたし、案外神様のお使いだったのかしらん。

長野県軽井沢 熊野神社のちから餅

碓氷峠は信州(長野県)と上州(群馬県)国境に位置し、峠には長野側に熊野皇大神社が、群馬側に熊野神社が祀られている。写真のお餅は『しげのや』のもの。みそくるみ味も加わった

碓氷峠にちから餅があると知ったのは、まったくの偶然だった。軽井沢を訪れた折に、町を見下ろす見晴らし台への遊歩道があると聞いて、行ってみようかとなったのだ。

道は教会の先から、背の高い木立のなかをゆるやかに登っていて、おしゃべりしながら一時間も歩くと、峠に出た。そこには神社があって、門前に数軒の茶屋が建っていた。

場所によっては山中の茶屋といえども騒がしいところも多いが、碓氷峠の茶屋はただ静かにそこにたたずんでいた。見晴らし台で町を眺め、神社にお参りをすませ、さてどの茶屋に入ろうか迷ったが、どこに入ってもよさそうであった。

中へ入ると、お座敷があって、お品書きに「ちから餅」とある。碓氷峠は名にしおう中山道の難所だったのだから当然である。驚いたのはその味の豊富さだった。甘味、辛味、黄味、胡味、黒味とあり、あんこ、大根、きなこ、くるみ、ごま味のことである。迷いながらいくつかの味を頼むと、小さなお餅が一皿に十個ずつ律儀に載って出てきた。どれもやわらかく、控えめな味である。なんだろう、この清らかさは。その感覚は、峠全体の空気にも共通していた。

帰りも同じ道をたどって下りてきた。お餅は古来より神への献上物だったし、あのちから餅も人の手を経て大切に残されてきたものだから、けがれがないのかもしれない。お餅も峠も旅人も、峠の神様に守られているようであった。

峠の餅

長野県和田峠 力餅

長野県の和田峠は、江戸と京都を内陸部でつないだ中山道上の峠である。今は峠を歩いて越える旅人もなく、時折車が通っていく静かな峠となっている。

峠の一角にあるのが、その名も『東餅屋』。今はドライブインとなった茶屋では、あん入りの白いお餅の両面を軽くあぶった力餅を出してくれる。小さく見えて、ふたつ食べるとすっかり満足。添えられた野沢菜が長野らしい。

峠には南北の稜線伝いに登山道が通っており、北へ歩けば美ヶ原、南へ歩けば霧ヶ峰に出る。脇にはビーナスラインが通り、かつての風情はすっかり失われたかのように思えるが、いったん登山道に入ると、そこには今も昔も変わらぬ山々の静けさがある。

神奈川県箱根峠 力餅

「箱根の山は天下の険」と歌われ、東海道の難所として知られた箱根峠。今でも当時の石畳の道が箱根の山の一部には残っている。

『甘酒茶屋』はその石畳の道を峠に向かう途上にある。三五〇年前から続く茶屋の力餅には、うぐいすきなこ、いそべ、くろごまきなこの三種類があって、どれもみなおいしい。

お餅もいいが、ここではやはりその名にもある甘酒を頼みたい。温かな麹の自然な甘みが、歩き疲れた体にしみわたるようだ。

電車も車もない時代、ほんの数百年前まで、人はもっぱら歩くことで移動してきた。旧街道は山のなかをゆるやかに登ったり下ったりしながら続き、ふいに芦ノ湖畔に出る。昔の人もこうして光る湖面を眺めたのだろうかと思う。

山梨県笹子峠 笹子餅

江戸と甲府をつなぐ甲州街道沿いにある笹子峠は、当時街道最大の難所といわれた峠である。峠にある矢立の杉は、富士山麓で狩りをしていた源頼朝の矢がこの木に立ったという伝説をもつ木で、旅人はこの杉の根方にあった茶屋の餅でひと息ついたのだろう。

その後明治時代の中央本線の開通に伴い、笹子餅は里へ下り、列車の中で売られるようになった。今では中央本線の特急あずさに積まれて、笹子付近になると必ず車内販売で回ってくる。

箱入りの草餅は白い餅とり粉をまとって行儀よく十個並んでいる。よもぎの味も強すぎず、あんの甘さもほどよい小さなお餅である。大月、笹子、塩山、甲府。車窓に続く山並みを眺めながら食べたい味だ。

川越の餅

静岡県安倍川 安倍川餅

江戸と京都をつなぐ東海道中の、あまりに有名な名物餅である。静岡土産として定着しているが、もとはといえば茶屋の餅。今も往時を彷彿とさせる『石部《せきべ》屋《や》』が安倍川のたもとに建つ。

安倍川餅は徳川家康が献上されたきなこ餅を喜んで命名したもので、文化元年創業、二百年続く石部屋では最初はきなこだけ、のちにあんこを加えたという。注文を受けるとその場でつきたて餅をひょいひょいとひねって、きなこをまぶし、あんでくるみ、白砂糖をかけ、絶妙の手わざで瞬時に出してくれる。品のいい大きさで、甘い味が疲れをとってくれる。

安倍川は広く、渡るのも決して容易でなかったはずだ。人々は川を渡る前に茶屋でひと息つき、来し方に別れを告げたにちがいない。

静岡県逆川 振袖餅

東海道は安倍川を越え、島田を過ぎ、掛川に入る。掛川宿に入る手前の小さな川が逆川《さかがわ》。この川のたもとにあるのが『もちや』で、そこで売られているのが、こちらも江戸時代より二百年続く振袖餅である。

やや細長く、ぽってりとした形の白餅とよもぎ餅の二種で、中にあんがはいり、よもぎ餅にはきなこがかかっている。味わいは見た目通りのおいしさで、ぽってりとやわらかいお餅にあんこがどっさり入っている。

振袖餅は今も近隣の人に人気で、午前中に売り切れてしまうことが多いという。みな車で来てすぐに去っていくので、歩いている人はほとんどいない。川の端には常夜灯が建ち、広々とした街道だけがわずかに当時を伝える。

三重県宮川 へんば餅

お伊勢参りの街道歩きも佳境に入り、神宮を目前にした宮川の渡しで、旅人たちは茶屋に入り、お餅を食べ、馬を返した。渡しにあった茶屋の餅は返馬《へんば》餅と呼ばれ、今の時代にその味を残している。

もとは川のたもとにあった『へんばや』は、現在の位置に移った後も、街道沿いの榎の大木に見守られ、情緒あるたたずまいを見せている。

お餅は米粉で作られ、中はこしあん、両面を軽くあぶってある。丸い焼き色が印象的だ。あっさりとした味わいで、ふたつみっつはすぐに食べられてしまう。お土産用に経木に包まれたものも置いてある。

さてと腰を上げて、旅人は渡しに乗り、お伊勢さんに向かって川を渡っていったのだろう。

名前も見た目も夢のように美しいケーキたち。開雲堂（青森県弘前）

こどもの日のお祝いは我が家もチョコカブトだった。きむらや（山形県酒田）

作り手の思いが伝わるシュークリーム。ドリアン洋菓子店(福島県会津若松)

プチフールは今も昔も永遠の憧れ。コモン・リード洋菓子店(山形県鶴岡)

みんなのおやつ

その場でおいしい買い食い図鑑

部活帰りに、仕事の合間に、おちびさんのおやつに、みんなのお土産に。地元の人なら誰でも知ってるあの味この味懐かしの味

福井県小浜❁『あかお』のカレー焼

丸い大判焼の生地を細長くして中にカレーを入れたスナックである。カレーは黄色いスパイシーなカレーで、1本食べるとかなり満足できる。焼きたてか、保温してあったものを出してくれるので、いつもほかほか。大人たちもよく買いにくる。あんとカスタード味も。

栃木県佐野❁いもフライ

パン粉をつけて揚げたジャガイモのフライを串で刺したもの。栃木県の佐野に多く、他にも栃木、群馬、埼玉の各地域でよく見られる。大きさはそれほど大きくなく、一口サイズで食べやすい。ソースをかけて食べ、ポテト好きにはこたえられない味。

徳島県徳島❁フィッシュかつ

魚のすり身にカレー粉などを混ぜ、薄くのばして揚げたフライである。魚フライというよりかまぼこフライといった方が近く、市内のかまぼこ屋やスーパーなどで売られている。1枚が大きいので食べごたえがあり、夕飯の一品にも、お酒のおつまみにもぴったり。

青森県弘前❁黄金焼

大判焼を二回りほど小さくして、中に白あんを入れて鉄板で焼いたお菓子。皮はやわらかく、できたてはあんと一体化していておいしい。ぱんじゅうと呼ばれるおまんじゅうとも似ている。大量に買いこむ人も、ひとつだけ買う人もいて、買い食いの王道的お菓子。

群馬県沼田❁『フリアン』のみそパン

上州地粉を使ったやわらかく弾力のあるパンに特製の甘い味噌だれを挟んだパンである。その名も望郷上州路と銘打つだけあって、沼田出身者には懐かしの味。ふた山になっていて、ふたりで分けて食べることもできる。他にあんバター、ピーナッツなどの味も。

秋田県・山形県❁ババヘラ・アイス

路上販売のアイス屋で、おばあさんがへらですくってくれるので、ババヘラ・アイスという。秋田県の国道沿いにビーチパラソルを広げて座っていることが多い（写真は山形県鶴岡）。どこで出会うかわからないのも楽しみのひとつ。アイスはシャーベット状の軽い味。

愛媛県宇和島✿大番

カステラ生地で柚子風味のあんを挟んだ宇和島『おのがみ菓子舗』の銘菓。やわらかい食感で、甘すぎず、おいしくいただける。銘菓とはいっても土産菓子ではなく、地元の人々のふだんの生活のなかになじんでいて、自転車に乗った子どもが片手に大番を握っていたりする。

新潟県新潟✿ぽっぽ焼

黒糖入りの小麦粉生地を専用の焼き型で細長くこんがりと焼いたもの。発祥は新発田市とされる。新潟、三条のお祭りの屋台の定番で、人気店には長蛇の列ができることも。もちもちとした食感で、温かいうちに食べる。最近では新潟市内の万代に路面店もできた。

大阪府大阪✿いか焼き

小麦粉の生地にいかを混ぜ、鉄板で薄く焼いてソースを塗ったスナック。大阪出身の人なら「ああ、阪神(百貨店)の地下の」と瞬時にわかるほど、浸透している。小麦粉といかの相性もよく、いかにもお好み焼き好きの大阪の味。卵を使ったデラ焼きもある。

千葉県成田✿甘太郎焼

通常大判焼と呼ばれる、小麦粉生地にあんを入れて鉄板で焼いたお菓子。地方によって呼び方が変わり、今川焼(東京)、じまん焼(中部)、太鼓焼(関西)などと呼ばれることが多い。中のあんも白あんやカスタードがある。甘太郎焼は成形が美しく味もおいしい。

静岡県静岡✿静岡おでん

黒はんぺん(鰯などのすり身を使った練り物)、うずらの卵、牛すじ、大根などのおでん種をすべて串に刺し、長年使った黒々とした出汁で煮て、鰯のだし粉、または青のりをかけたもの。駄菓子屋の中におでん鍋が置かれており、子どもたちが欲しいものを注文する。

岩手県盛岡✿福田パン

数十種類ある具から好きなものを選んでその場で挟んでもらうコッペパン。定番はあんバターだが、ピーナッツ、ジャム、チョコ、チーズ、きなことといったクリーム系の他、コンビーフ、ツナなどの惣菜系もある。地元の人は好みが決まっているのか、注文も早い。

みんなのおやつ

地方出身女子の甘い記憶

大都市東京には高級で有名なお菓子はあまたあれども、地元のあの懐かしの味はなし。今日も都心で一心に働く女子に聞く、ふるさとの思い出お菓子

――今日は子ども時代に食べた思い出のお菓子について、教えていただけますか。

朋子さん：私の田舎は山口県の岩国ですが、子どもの頃に食べていたのは、おばが好きでよく買ってきていた淡雪やういろうですね。その頃岩国の町にはそれぞれのお菓子を作るお店があったんです。あとはベース（米軍岩国基地）が近かったので、ナッツやポテトチップスもよく食べました。ポテチも日本の小さい袋ではなくて、大きい袋のジャンキーな感じのものしか食べたことがなかったですね。それから東京に来て驚いたのは、あん餅が売ってないこと。大福はあるけど、お餅にあんこが入ったあん餅はないですよね。岩国ではお正月も白いお餅とあん餅と両方食べるんです。あん餅はおせちを食べた後に焼いて食べていました。

厚子さん：お餅といえば私は五平餅ですね。田舎が長野の下伊那で、おばあちゃんの家に行くといつも五平餅がありました。売ってもいますが、家でも作るんですよ。竹を割って、お餅を平たく両面につけて、甘い味噌だれを塗って。たれも

家によって味が違うんです。いつも冷蔵庫に入っていて、いつでも網で焼いて食べられるようになっていました。あとは伸した豆餅――切り口は半月形です――を切って焼いて食べてました。お正月は白と豆と二種類必ず作っていました。

瞳さん：新潟ではお餅はやっぱり笹だんごです。おやつによく食べてました。

友貴恵さん：京都出身の私は、お餅といえば、わらび餅やみたらしだんごでしょうか。わらび餅の原料はお餅でなくてわらび粉ですけど。スーパーにもよく売ってます。丸くて透明で、四角いのもあったかな。きなこがかかっていて。

――関西ではわらび餅をふだんからおやつによく食べますよね。

美穂さん：私は会津ですが、お餅はみたらしとかずんだ（枝豆）とか、もっぱらおだんごを食べてました。

――東北ではおだんごが串にささってない地域がありますけど、いかがでした？

美穂さん：串だんごでした。

――ずんだあんはメジャーなんですね。

美穂さん：ええ、ふつうでした。あとよ

く食べたのは三万石の「ままどおる」です。会津には太郎庵というお菓子屋があって、そこの「天神さま」も好きでした。

朋子さん：地元銘菓でいえば、私は「源氏巻」ですね。薄いカステラであんこを巻いた、津和野のお菓子です。

純子さん：私は北海道の美瑛出身ですが、千秋庵の「山親爺」と「スノーマン」です。「山親爺」は薄い玉子煎餅で熊の焼き型が押してあります。

――「スノーマン」は雪だるまの形をしているんですか？

純子さん：いえ、してないです。本当は「ノースマン（北の人）」というお菓子なんですけど、子どもたちは勝手に「スノーマン」と呼んでいたんです（笑）。あん入りのパイです。

朋子さん：ああ、それは「岩まん」ね。

――なんですか、「岩まん」って。

朋子さん：岩国には「岩まん」っていうあん入りパイがあるんです（笑）。

純子さん：それでその「スノーマン」を、「カツゲン」というヤクルトに似た乳酸飲料と一緒に食べるんです。「カツゲ

協力＝ハツコエンドウ（HTK）

ン」には青リンゴとかピーチとかいろんな味があって、それが給食で出ると、やった、みたいな感じ（笑）。家でも冷蔵庫に入っていて、スーパーで安売りすると、みんな買いに行く。

――水戸ではなにがメジャーでした？

干し芋もおいしいですよね。

恵理子さん：ええ、干し芋よく食べました！ 冬になると必ず食べてました。玄関の寒いところにみかんの箱と干し芋の箱とが置いてあって、そこにどっさり入っているんです。

――お腹の減った人がそこから取ってきておやつに食べる？

恵理子さん：そうです。形は薄切りと丸い筒状のがありました。作りたてはやわらかいですけど、日が経つと固くなるので、トースターで少しあぶって食べると焦げ目がついておいしいんです。

――買い食いおやつの思い出は？

瞳さん：新潟ではぽっぽ焼がはずせません！ お祭りのときだけ、ぽっぽ焼の屋台がたくさん出るんです。小麦粉に黒砂糖を混ぜて細長く焼いただけのものなんですが、人気の店だと何時間も並んで買うんですよ。

――どらやきの皮みたいなもの？

瞳さん：そうです。でももう少し厚くて細長くて、袋に入って9本300円くらいです（87頁参照）。

――焼きたてを、よくお菓子を入れる白い小袋に入れて渡してくれるんですね。

瞳さん：いいえ、屋台のは茶色です（笑）。最近は市内の万代エリアに路面店もできて、生クリームを載せたりしてデコレーションしているようですけど。でもそのままでもおいしいんです。

萌さん：福岡では「ブラックモンブラン」ですね。福岡の人は全員知っています（笑）。佐賀の製菓会社の棒アイスなんですが、中がアイスミルクで外側をチョココーティングしてあって、その上にクッキークランチがびっしりついているんです。形は四角で、モンブランの形をしているわけではなく、ただ青い外袋には山の写真が印刷されてました。当たり前に食べていたんですけど、東京に来たら、CMもしてないし、お店にもないから、あれっと思って（笑）。それから蜂楽《ほうらく》饅頭でしょうか。東京でいう大判焼ですけど、あんこの量が違うんです。皮が薄くてあんこ食べてる感覚。白あんと黒あんがあって。

――黒あん？ つぶあんのことですか？

萌さん：えっ、黒あんって言わないんですか？ ふつうに言っていましたが……。つぶしあんのことです。あとよく食べたのはむっちゃん万十です。

朋子さん：なんですか、それ？

萌さん：むっちゃんってムツゴロウのことです。諫早湾が近いので。簡単に言うと鯛焼がムツゴロウの形をしてるんです。ただ中の具がハムエッグとかハンバーグとか、辛い系の味でおいしいんですよ。買って帰るというより、ひとつ買ってその場で食べて帰るんです。

――部活帰りの高校生がたむろしてる。

萌さん：そうです。コカ・コーラの赤いベンチがひとつだけ置いてあって、そこはいつもいっぱい（笑）。

瞳さん：新潟にはガトウ専科というケーキ屋さんが展開していて、そこに「天使サチ」という丸い小さいチョコのお菓子があって、高校生の頃、帰りに一個だけ買って食べたりしました。

――かわいい（笑）。

朋子さん：全国で随分違うものですね。

――皆さん楽しそうにお話して下さって。やっぱり故郷の味はいくつになっても懐かしいですよね。

朋子さん：そうですね、子どもの頃の思い出ですし。そういえば、昔、お腹の調子が悪いと、母がはったい粉を茹でてお砂糖と練ったのを作ってくれました。スプーンですくって食べるんですけど、香ばしくておいしいんですよ。ひさしぶりにそんなことも思い出しました。

A　神戸出身の私たちにとって懐かしのお菓子といえば、なんでしょうか。

O　いろいろあるけど、宝塚の炭酸煎餅は好きだったな。

A　宝塚といえば、ふつうは宝塚歌劇を思い浮かべるけど、宝塚の近くに住んでても、歌劇に行ったことはなかったね。

O　ないない。地元ってそういうものでしょう。それより宝塚といえば、炭酸煎餅。

A　有名なのは有馬だけどね。

O　俺は炭酸煎餅っていったら断然宝塚やな。子どもの頃に宝塚へ行ったときに、よく買ってもらった記憶がある。木刀とか置いてるような土産物屋に、大きい網の袋に何缶も入って軒下にぶら下がってた。あとはたまに人からもらったりして、めっちゃ嬉しかった。でも家では炭酸煎餅は人気なかったから、兄弟のなかに敵は多くなかった。

A　私の家も、私ばっかり食べてた。ふつうにスーパーで売ってたよね。タンサンとかカルルス煎餅って呼んでたと思うけど。

O　透明なビニール袋に入った、われせんとかバリを集めたお徳用もあって、大人になって給料もらうようになったら、あれを買って腹いっぱい食ってやると思ってた。

薄くて軽くてもろい炭酸煎餅の思い出

誰もがもつふるさとのお菓子の味。神戸っ子にとってそれは炭酸煎餅

懐かしの網入り缶は宝塚の黄金家。定番の一枚は極薄焼で、甘みが最後にくる。玄人好みの軽やかな味。写真はクリームタンサン

地元の炭酸煎餅好きには忘れられない、歌劇や有馬ロープウェーの絵がついた朱色の缶は宝塚のいづみや本舗。お砂糖と卵の味わい

バニラクリームを挟んだ有馬の泉堂のタンサンクーベルの特徴は、爽やかな生姜味。炭酸煎餅というより生姜煎餅に近い味

A　食べたん？

O　食べた。

A　どうだった？

O　食べ過ぎると頭がボワワーンってなる。

A　そら、どんなお菓子でもそうやわ。

O　それを二回くらいしてもなくならないから、しばらくしてから食べたら、もうしけってた。でも本当は缶入りを一缶食べてみたいと思ってたから、今日はついにその夢が叶った！

A　今はもう大人だし、いつでもできるよ。

O　子ども心になんで炭酸煎餅っていうんやろって思ってて、そしたら中学校の授業で、宝塚の炭酸泉をイギリス人のウィルキンソンさんが見つけたっていうのを教わった。ははあ、炭酸水で粉を練ると、炭酸のパワーでああいうふうにふくらむんじゃないかって、そのとき思った。それから大人になって東京で働くようになって、バーでウイスキーのハイボール用に炭酸水を頼んだら、ウィルキンソンのボトルが出てきて、

ああこれが……と思ったら胸がいっぱいになったね。子どもの頃から食べてたからな。

A　わかるわ。

O　しかし、昔から炭酸煎餅の味はひとつやないと思ってたけど、やっぱり食べ比べるとちゃうね。それになんといってもこの軽くてぱりぱりしたのがいい。東京出てきてからも、ごっつい探した。

A　売ってないよね、炭酸煎餅。

O　ない。

A　私も東京に来た頃、スーパーで探してもないから、あれっ炭酸煎餅はどこ行ったん？　と思った。東京の人は炭酸煎餅そのものを知らない人もたくさんいるし。

O　それに東京の炭酸煎餅は硬くて甘い。宝塚のは軽くて甘くない。でもうまい。

A　長崎の雲仙や新潟の岩室にも炭酸煎餅があるよ。炭酸煎餅は炭酸泉が出る温泉地のおみやげ菓子なんだよね。群馬にも磯部煎餅っていう炭酸煎餅があるって、前おみやげで買ってきてくれたよ。

O　そうやった？　覚えてないわ。

A　贔屓の引き倒しやね。

A　炭酸煎餅にクリームを挟んだのはどう？

炭酸煎餅らしい、オーソドックスな味が楽しめるのは有馬の泉堂。卵と小麦の味がする。焼型の「タンサン水」の文字がいい

薄く軽くさくさくとして、もろく割れやすいのが身上の炭酸煎餅だが、その王道をいく有馬せんべい本舗。モミジの模様がかわいい

ゴーフルのような味わいが楽しめるいづみや本舗のクリームタンサン。クリームを挟むためにお煎餅の厚さを調節している

有馬の老舗三津森本舗は青白朱金のだんだら模様の缶が印象的。隠し味にごま油を使用し、独特の風味を誇る。手焼きタイプもある

焼きが強く、少し固めのお煎餅は有馬の湯の花堂本舗。よく焼いてある分、香ばしくおいしい。表面の温泉マークはお約束

O　ゴーフルみたいな感じ。ゴーフルは炭酸煎餅にヒントを得たのかな？

A　歴史的には炭酸煎餅が明治末期で、ゴーフルが大正末期だから、炭酸煎餅の方が先だね。神戸っ子は薄くてぱりぱりしたものが好きなんちゃう？　それに神戸でお煎餅っていったら、お米のお煎餅じゃなくて、小麦粉の洋風煎餅だよね。瓦煎餅も定番だし。

O　瓦煎餅はあんまり食べなかったな。

A　私はよう食べたわ。学校で記念行事があると、お祝いに校章入りの瓦煎餅が配られたりして、すごい嬉しかった。

O　そんなんうちの学校はなかったわ。

A　すいません。

A　でも、私たちが子どもの頃といえばもう30年も前のことなのに、炭酸煎餅は変わらないね。

O　この丸缶の紙の包装とか紐掛けとか、職人技だね。とても機械ではできないでしょう。これをできる職人がまだいることがすごい。

A　こういう昔ながらの包装を守ってる地域もどんどん減ってるし。今では貴重だよね。

O　この紐を持って、ぶらぶらしながら家帰ったもんなあ。ほんまに懐かしい。

みんなのおやつ

集まれ地元の袋菓子

地元の人にとっては生まれたときからあったソウルスナックすなわち地域限定、袋菓子。見覚えのある袋はありますか？

宮崎県❁芋かりんと

細切りのさつまいもを揚げて砂糖衣をつけた芋ケンピ。県内で数多く売られているが、ケンピと呼ばず、かりんとうと呼ぶ場合も多い。ケンピとはもともと小麦粉とお砂糖を練って堅く焼いた堅干を指す。

岐阜県❁げんこつ

きなこを水飴でやわらかく練った駄菓子。すはまと同じ材料だが、げんこつの方が堅くねばりがある。きなこまぶしもあり。岐阜県に入ると、かわいいマークの『つちや』のお菓子がスーパーに急に増える。

香川県❁揚げぴっぴ

うどんを短く切って揚げたもの。いまやうどん県と呼ばれるまでになった香川県、お菓子にもおうどんは進出している。ぴっぴとはおうどんを指した幼児語。お酒のおつまみにもよい。塩味、甘味、しょうが味の3種あり。

愛知県❁しるこサンド

あんこを挟んだ塩味のクラッカー。豊橋のスーパーでその名を見たときは驚愕したが、地元の人たちには昔からあるお菓子。四角いトランプ型、細長いスティック型などいろいろある。あん部分は薄く、軽い味わい。

熊本県❁かりんとうぴー

表面に細かいピーナッツをまぶしたかりんとう。大胆な名前とレイアウトにどっきりするが、味はごく保守的。「かりんとうくろ」という商品もあり。熊本、宮崎は黒糖とサツマイモ菓子が多い地域。

京都府❁京千鳥

甘辛味の軽い米菓。小粒でふんわりとしたあられで、小さな海苔が散っているのも奥ゆかしい。お米のお煎餅にも地域差があり、大まかにいって関東は草加煎餅、上越・北陸はおかき、関西はあられが多い。

鹿児島県❁げたんは

黒糖味の小麦粉菓子。ゲタの歯に似ていることから名がついた。同じようなお菓子に「黒棒」がある。細長い棒状のこちらはもう少し厚みがあり、ふんわりした食感。どちらも古くから九州にある駄菓子。

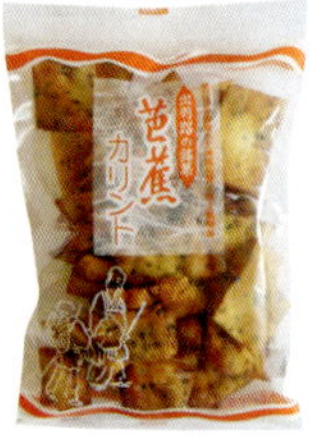

山形県❁芭蕉カリント

ごまつきの薄くて四角い東北型のかりんとう。出羽路の銘菓と表書きにあるように、出羽路を旅した芭蕉をしのんで絵が描いてある。味は甘め。東北のかりんとうはぱりぱりして軽いのでつい食べ過ぎてしまう。

三重県❁ピケエイト

お米の欧風せんべい。バター味の効いた薄型のお煎餅で、「ほんのりうす塩味が後を引く、やめられないおいしさです」と袋書きにある通り、やめられない。『マスヤ』には代表選手「おにぎりせんべい」もあり。

佐賀県❁かめせん

甘辛味のお米のお煎餅。亀の甲羅を模した形で、会社によって大亀と小亀がある。大阪の「ぼんち揚」と見た目は似るが、少し堅く、味も米煎餅に近い。佐賀、福岡には亀の甲羅型のお煎餅が多いが、なぜだろうか。

石川県✿ビーバー

餅米の揚げあられ。名の由来はあられの形がビーバーの歯に似ているためという大胆な発想にノックアウトされる。霊峰白山の麓で作られた地元産餅米を使用。軽くてさくさく、あっさり昆布味も北陸らしい。

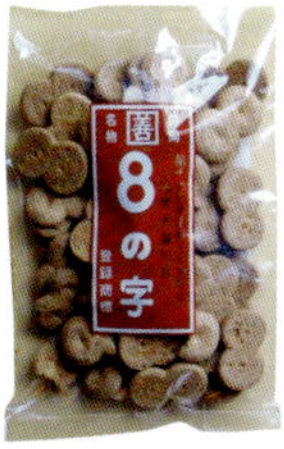

静岡県✿8の字

小麦粉と卵とお砂糖でできた8の字型のぼうろ。口当たりがよく、昔ながらのおいしさ。こうしたシンプルな粉菓子の袋菓子は案外少ない。もとはめがねと呼ばれたが、今では「8の字」に。静岡では知られた存在。

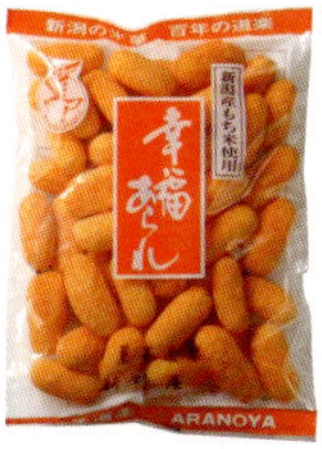

新潟県✿幸福あられ

砂糖衣を施した米菓。米どころ新潟のお煎餅は種類豊富で軽い食感のものが多い。「幸福あられ」は「まゆ玉状にふっくらと焼き上げ、幸せ色のオレンジの衣で装いました」とある通り、ふんわり甘く幸せな味。

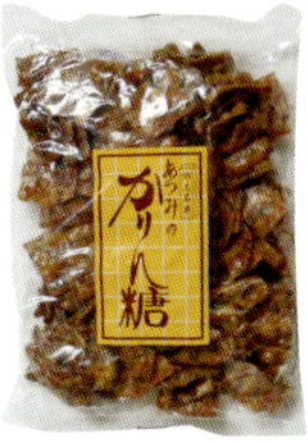

秋田県✿あつみのかりん糖

黒糖にごまをまぶした薄揚げかりんとう。「あつみのかりん糖は地元の人に人気で入荷してもすぐなくなる。箱で買う人もいる」と聞き、購入。絶妙な味わいで後を引くおいしさ。地元の人はよく知っている。

島根県✿たまごせんべい

小麦粉と卵とお砂糖で作った「たまごせんべい」。瓦煎餅ほど堅くなく、昔ながらの味。古い機械で押しているという表面のニワトリの焼き印がかわいらしく、かすれ具合も味のひとつ。生姜味のお煎餅もある。

長野県✿かりんとう

黒糖のかりんとう。写真のかりんとうは『久星』創業当時の復刻版。よくある細長い形ではなく、小さいボール状で、少しつまみたいときによい。松本には袋菓子のメーカーにも老舗があり、それぞれに楽しめる。

長崎県✿一口香

外は小麦粉の皮で、皮の内側に黒糖が薄くついた、中が空洞のお菓子。お土産ものとして知られるが、スーパーでもふつうに売っている。中の黒糖が柚子や生姜風味であることも多い。不思議な食感の地元菓子。

大阪府✿ぼんち揚

薄口醤油味の揚げ煎餅。関西では当たり前の存在だが、関東ではほとんど見かけない。「歌舞伎揚」ほど堅くなく、軽い味わい。ぼんちとは大阪弁でぼんぼん（坊ちゃん）のこと。発売後50年以上経つロングセラー。

北海道✿ハッカ樹氷

大正金時豆に砂糖衣の豆菓子。樹氷とは霧が木に付着したもので「冬枯れの樹木の枝々を白銀に美しく飾って冬の陽に映えた景観は春の花、夏の緑や秋の紅葉の華麗さと違った清純さがあり」とあるのに心打たれる。

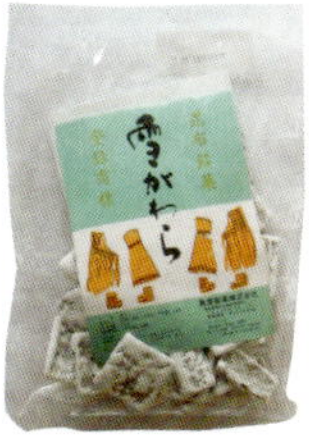

福井県✿雪がわら

昆布に砂糖衣をつけたお菓子。お砂糖の甘さと昆布のうまみが合って大変美味。「やはり遠く送り出しました私達には旅先の子を案ずる親の様に心にかかるもので御座います」としおりにあるが、心配ご無用。

富山県✿サラダかきもち

切り昆布入りの塩味のかきもち。富山のお米はおいしいと地元の人は自慢するが、富山はお米もお餅もお煎餅もみなおいしい。北陸らしく昆布の風味もよく抜群のおいしさ。毎回この牛の絵を見ると買ってしまう。

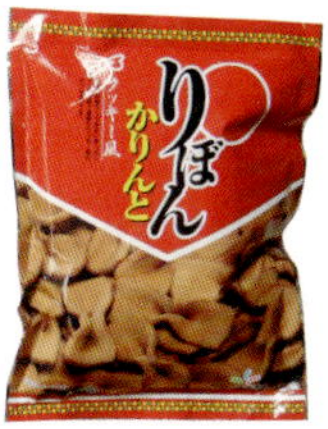

広島県✿りぼんかりんと

四角い生地をりぼんのような形にして素揚げしたかりんとう。ひとつが意外と大きいのに驚くが、あっさりとした甘みのさくさくした生地で、見た目よりもずっと食べやすい。当然ハイカロリーなので食べ過ぎ注意。

すてきな地元のお菓子たち

地元にしかなく、地元で愛される地元菓子。その大きな特徴のひとつは名産や見どころを積極的に取り入れたお国自慢のお菓子である点です。栗が名産の地方では栗自慢、名峰を擁する地方では山自慢、海産物だってお菓子になります。でも方言を使われるとちょっとわからないときも。そんなときは絵で判断。ばっけとはふきのとうのこと。東北の山では山菜がたくさん採れますから。

そしてそれらはみな、人の手で作られています。ふかしたてのおまんじゅう、くるくる回る回転焼、きつね色に焼けたカステラ、ふっくら白い酒まんじゅう、ふわふわの赤ちゃんみたいなお菓子を作る手、扱うその手つきの、なんとやさしいこと。うちで作ったおいしいお菓子をどうぞ食べて下さい。そんな気持ちの伝わるお菓子はしぼまないうちに、できたてをさっそくいただきます。

さらに人の手はお菓子を美しく見せる努力も惜しみません。伊万里ではお菓子で壺を表現します。店主の憧れでしょうか、帆船を作る店もあります。洋菓子の装飾にもその手をゆるめません。こうしてお菓子をアートの域まで高めます。材料はみんなお菓子ですよ。その技術を惜しげもなく使って、地元の人に喜んでもらいたいと思っている職人さんの気持ちが伝わってきます。

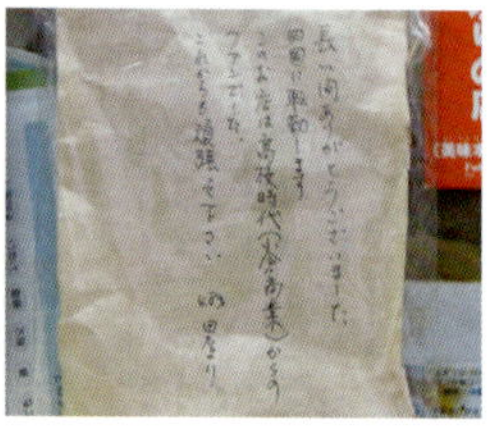

お菓子を楽しんでもらいたいという気持ちは、呼び文句にも現れています。雪深い地方では「コタツの友に」と厳しい寒さを気遣い、軽くて持ち運びが楽なえびせんは「法事にどうぞ!」と勧められます。街角の甘味屋さんの「うまい!」の文字に、ついふらふらとつられてしまうこともあります。その思いに応えて長年通った男性から、別れを惜しむお手紙が来ることも。お菓子は人の心をつなぎます。

いつもの町にいつものお菓子

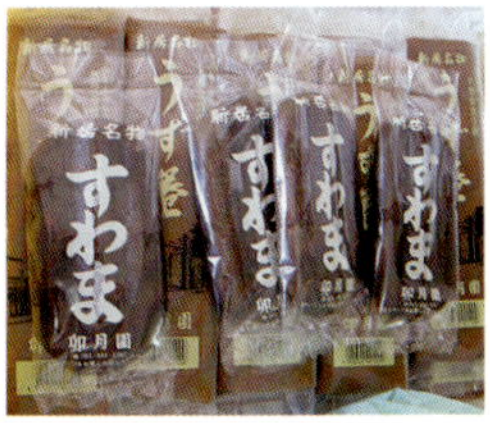

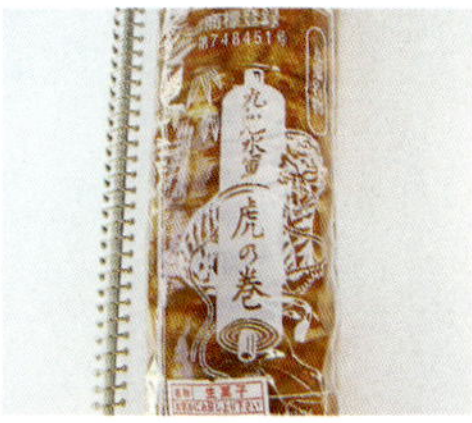

お菓子の命名にも個性が表れます。弁当カステラとはお弁当箱のような形という意味でしょうか、それともお弁当代わりという意味? すわまとはすあまのことかと思いきや、州浜(すはま)のことで砂浜に近い町のお菓子だからでした。外国の地名もよく見かけますが、由来はたいてい響きがいいからというお答え。虎の巻というお菓子にどっきりするのは、学生時代にお世話になったせいでしょうか。

旅人にとって驚きのお菓子でも地元の人にとってはもはや日常でしかありません。牛乳パック入りの牛乳寒天、甘くした豆腐かすてらなど、その斬新さに旅人だけが目をみはります。笹だんごをやわらかく仕上げる魔法の粉は新潟全域に浸透していますが、他の地方でこれにお目にかかることはありません。なかにはアジアの国々で見るようなパック入りのケーキもあって、つい手が伸びてしまいます。

好みがはっきりしているのも地元菓子の特徴です。好きとなったら大量投入です。どら焼きが好きな地域ではどら焼きのオンパレードです。ひとつを大きくするという手もあります。あんこだけを売るという手もあります。大家族が多い地方で困るのは、売り物の単位が大きいこと。試しにひとつ食べてみたいけど、こんなに大量はさすがに食べきれません。こうして何度涙をのんだことでしょう。

そうしてお菓子はいつも語りかけてきます。お赤飯、おいしいよ。秤で何グラムでも量るよ。夕飯に買っていったら。ソフトクリーム、おいしいよ。いろんな味があるよ。食べていきなよ。夜のケーキ屋さんではケーキと鹿の子がそっと会話をしています。今日はもう店じまいかしらね。まだ買いに来る人いるかしら。あっ来たよ! 地元菓子はいつも町の片隅でそっとあなたを待っています。

四国のお嫁入り菓子

今も昔もお嫁にいく日は特別な日
そんな日を美しく彩る花嫁菓子の世界

香川県丸亀

おいりができるまで

朝早くに則包《のりかね》商店を訪ねると、奥の工場ではもう作業が始まっていた。ご主人の則包裕司さんは、ガッチャンガッチャンと盛大に音を立てているボイラーの前でうずくまって、網状のプレートをじっと見つめている。プレートの中では無数のおいりがぴょんぴょん跳ねて回っているのだ。今まさに、お餅のかけらが丸いおいりになろうとするところだった。

おいりは西讃地方に伝わる花嫁菓子である。お嫁入りの際に花嫁がお世話になった人たちに配り、また婚家に持参するもので、丸いおいりには「心を丸くしてまめまめしく働きます」という意味がこめられている。生活習慣の変化により、こうした昔ながらの風習は全国で減りつつあるが、香川のおいりは、花嫁さんにとって今もなくてはならないお菓子である。

おいりを見つめていた則包さんはなんの合図もなしにさっとレバーを引き、プレートを斜めに引き出すと、ザーッと音を立てて白いおいりが箱に流れ出た。「煎り上がったかどうかは勘です。時間ではなく音です。おいりの動く音で判断しています」と則包さんは言う。

　煎り上がったおいりはドラム状の機械に移され、奥さんの満由美さんの手によってみつがかけられ、色鮮やかなおいりになっていく。「おいりの色はやっぱりピンクが多いんです。花嫁さんのものですから」。

　こんなに華やかで美しいお菓子だが、ここにいたるまでには大変な手間と時間がかかっている。お餅をつき、伸して切って干して乾かして、それから煎って色づけをして、ようやく完成するまでに約一週間かかるという。そのすべての作業に独自の経験と勘が必要とされるのだ。

　今日の作業の間だけでも、則包さん夫妻は手を抜かず、一生懸命おいりを作っておられた。そのまめまめしいようすはまるでおいりを持ってお嫁にいったお嫁さんのようだ。そうでないと、丸く美しいおいりができないということだろう。いいものはみんなこうしてできている。

　できあがったおいりはまん丸で、つやつやしてかわいく、幸せそのものだ。「せっかくやってきたことだし、昔の味を守って、絶やさないように続けたいと思っています」と、則包さんは真面目な顔でおっしゃった。

①原料のお餅も地場産の餅米を蒸すところから。お砂糖を混ぜてついたお餅は畳1畳分を5ミリの厚さに伸ばし、1日干してから裁断

②裁断したお餅は網に広げて、4、5日から1週間程度天日で干す。日光だけでなく風も必要で、季節や天候に左右される作業だ

③芯まで乾いたかどうかは、手で触ってその固さの加減で判断する。乾いていないとうまく膨らまないため、その微妙な感覚が大切

④おいりの「いり」は「煎り」のこと。裁断して乾かしたお餅を、専用の機械で3分ほど煎ると丸く膨らんだおいりになる

⑤お餅が乾きすぎていると小さくなり、水分が多いとふくれてしまうので、その加減が難しい。できあがったおいりはまさにお餅の味

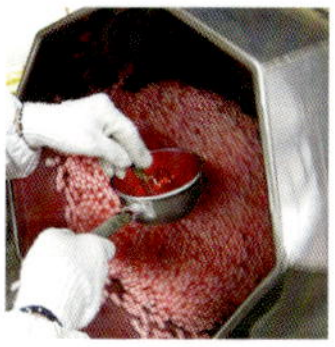

⑥みつは白、黄、緑、紫、ピンク、赤の順でつけ、赤のときにニッキを入れて香りづけする。おいりの乾き具合でみつの濃度を調整

⑦1日に2升盛りで11枚のおいりを作る。そのほとんどが地元のホテルや式場からの注文。昔は1日に15～20枚作ったことも

⑧みつをかけたおいりは再度機械に戻してボイラーの熱で乾かす。淡々と流れ作業で進んでいく。夏は暑くて作業場はサウナ状態

⑥みつをかけたおいりはつやつやして、特に白は真珠のように美しい。「今日は最高の出来やね、というときもある」と則包さん

⑩色のおいりに白を混ぜる。「色だけだとどうしてもきつくなるので」。ひなあられなどもよく見ると意外と白が多いそうだ

⑪すべての色が仕上がったら、隣室に並べた缶に歩きながら次々と色をのせていく。おいりには多く作る色と少ない色とがある

⑫今日は七斗缶4缶分のおいりができあがった。みのですくいながら七斗缶に移し、あとは升で量りながらの箱入れ作業となる

徳島県徳島 ふやき

ふやきと呼ばれる丸い米菓子

徳島には花嫁菓子としてふやきがある。ごく薄く丸い餅米煎餅で、紅白に色づけされている。場所によっては、楕円形で小判と呼ぶ地域もある。表面に砂糖衣が薄くかけられ、甘くてぱりぱりと軽く、餅米の風味がよくしておいしい。

徳島の昔からのしきたりである、婚家に箪笥などの花嫁道具を入れる「道具入れ」の日に一緒に持っていったり、婚礼の日に花嫁を見に来る近隣の人に配ったりするものだが、今では生活様式の変化によって、そうした風習も減りつつあるという。

ふやきを製造販売している『徳島乳販』では、今でも一枚一枚手作りで作っている。花嫁菓子として専用の包装をして納めるもの以外に、簡単に袋詰めしたものを米菓子という名でスーパーなどにも卸している。同じふやきでも、色が虹色のものは池の月と呼ばれ、お盆のお供えや法事などにも使われる（写真のものが池の月）。

愛媛県新居浜 パン豆

色あざやかなお米のポン菓子

愛媛の新居浜、西条といった東予地方では、婚礼の引き菓子に、祝いパン豆という米の菓子を使う。一般にいうポン菓子で、お米を専用の機械ではぜてそれにお砂糖をかけたものである。娘が元気でまめに暮らしてほしいという願いをこめて、花嫁の実家が用意して、婚家や近隣の人に配る。袋は大きいが、持つと軽々として、食べるとひなあられを思い出す。彩りも明るい色合いで美しく、思えば女の子のお節句に食べるのと同じ、やさしい味のお菓子である。

現在パン豆を製造販売している『にいはま大一』によると、お米は一等米ではなく、晩生のお米を使うという。縁起物でもあるし、食べるものでもあるので、日を選んで作るのだそうだ。最近ではパン豆を作る店も少なくなっているが、お嫁入りのときだけでなく、お祝いごと全般に使われたり、全国から注文が来たりと、用途も次第に変わってきているという。

四国のお嫁入り菓子

地元で人気の全国引き菓子

静岡県伊豆❀ふくやEMAIR

イタリアンロール

一度でもふくやのイタリアンロールを食べたことのある人なら、またぜひ食べたいと思うであろう、おいしいロールケーキの見本である。とにかく生クリームが新鮮で、スポンジもしっとりきめ細やか、上質の粉と卵とお砂糖とクリームを使ってまじめに作っていることがよくわかる。伊豆長岡のお店では作っているようすを遠くから見ることもでき、大きなホイッパーが印象的だ。地元のお菓子屋さんらしく、大らかでたっぷりとした大きさで、それがまた嬉しい。当然地元の人には大人気で、祝儀不祝儀にかかわらず、大量予約をして当日数人がかりで運び出している光景も日常である。新鮮さが売りなのでお取り寄せは不可。夕方には売り切れていることが多く、予約することをおすすめする。

新潟県新潟❀念吉 他

プラリネ

新潟には謎のプラリネ文化がある。県内のどこに行っても、ケーキ屋さんにプラリネなるボックスケーキが並んでいるのである。中は2層あるいは3層の固めのスポンジケーキで、間にアプリコットジャムが挟んであり、上面にはアーモンドクラッシュのキャラメル固めが載り、両脇にはチョコレートが塗ってある。やや古風なケーキだが、食べ応えがあって、日持ちもして、いつ食べても素朴においしい。聞くところによると、プラリネはここ30年のもので、念吉が最初に作り、今やすっかり県内に定着したという。冠婚葬祭の引き菓子も以前はカステラやバウムクーヘンだったが、今ではプラリネが使われるそうだ。切る際には固いアーモンドの方を下にするという裏技も聞いた。

兵庫県神戸❀ユーハイム

バウムクーヘン

もはや地元で人気のというよりも、全国で人気のバウムクーヘン。木の年輪を表したお菓子は、これからともに年月を刻んでいくふたりにとってふさわしいお菓子で、結婚式の引き菓子として絶大な人気を誇る。バウムクーヘンは神戸が本社のユーハイムの看板商品のひとつ。同社の創始者ドイツ人のカール・ユーハイムが日本で最初にバウムクーヘンを焼き始めたといわれ、その品質基準は本国ドイツの基準に則ったものだった。そして今もなお、ユーハイムのバウムクーヘンは本場のおいしさ。生地は固すぎずやわらかすぎず、ふんわりとした口当たりでほどよく甘く、贅沢な味。周りのホワイトチョコレートも欠かせない脇役だ。長さ、大きさはさまざまあって、希望に応じて選べる。

三台ハス

仏様の台座として欠かせないハス。落雁あるいはお砂糖を固めたものでできていることが多い。しかしふつうハスをかたどったお菓子はてっぺんがこのように花の蕾の形ではなく、平らであることが多い。この三台ハスは対で仏前に飾るものと思われる。

砂糖鏡

お砂糖で鏡餅をかたどった砂糖鏡である。これは香川県丸亀のもの。初めて見たときは、なんで鏡餅をお砂糖で作るんですかと聞いてしまったが、後でお料理に使えますからと怪訝な顔をされた。お餅はすぐ硬くなって割るのも一苦労だが、お砂糖ならその心配なし。

お供セット

お供セットを岡山の露店で発見。注目すべきはおそうめんとおぼしき細い乾麺と、花麩、菊水麩などと呼ぶ平たい模様入りのお麩。このタイプのお麩は四国、中国、九州北部に多い。隅に入っているのは干し椎茸と海藻、干瓢。お菓子というよりお食事セットの様相。

お供え菓子の世界

ところ変わればお供え菓子も変わる。全国で垣間見た日本人の篤い宗教心

実家には仏壇がなく、祖父母の家にも小さなお厨子に似た仏壇があっただけなので、仏壇にはどんなものをお供えするのかまったく知らず、また知ろうとも思わなかった。お供え菓子の世界があることすら知らなかった。それが地方を旅するようになると、和菓子屋に、スーパーのお菓子売り場に、露店が並ぶ市に、お供え菓子は山と積まれているのである。さてこの摩訶不思議な形と名前のものはなんだろうか。宗教的意味を備えたそのお菓子の存在感は当然、異

砂糖赤飯

神前や仏前へのお供え餅をお砂糖で代用する風習は各地にある。砂糖鏡を初めて見たときは驚いたが、三重県松阪のあるお店では、なんとお赤飯がお砂糖であった。随分と持ち重りのすることだろう。使い切るのも大変ではないだろうか。

お供え菓子といおり

ハスとキクの打ち物のお供え菓子。いつも思うが、なぜお供え菓子はかように色が派手なのだろうか。単に現代の彩色技術が上がったからというだけでもなさそうだ。ご先祖様をお迎えするときはにぎにぎしくという気持ちの表れだろうか。滋賀県近江八幡にて。

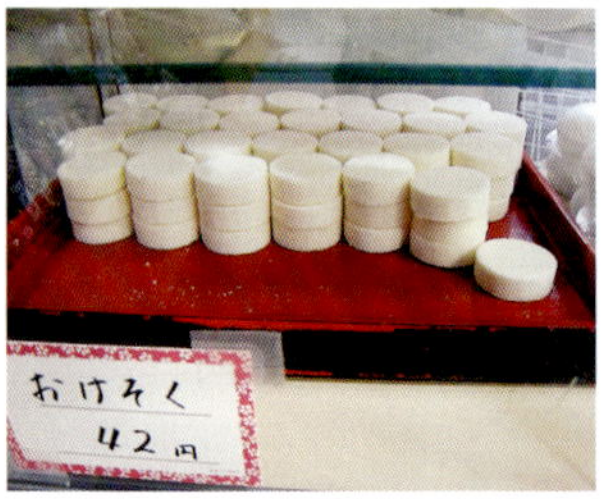

おけそく

おけそくとは御華足と書いて、お供えのこと。京都西本願寺では毎年1月にお餅、粉物、果物を円筒形に高く積み上げたものを御華足としてお供えし、法要を営む。初めておけそくを見たのは三重県桑名のお菓子屋。お餅とお砂糖の2種類があった。

お盆灯ろう

極彩色で色づけされたお盆のつるし飾り。これも山形県酒田。山形、新潟などの日本海側には、最中の皮を使った飾り(まゆだま)を小正月に木の枝につけて下げる風習が残っており、このつるし飾りもそれに近いと思われる。飾りの形はハスやキクや梵鐘、俵など。

お餅

これは名称不明のお餅。酒田で購入。紫蘇の葉っぱに載せて、ひとつずつ食べるようになっている。つるりとした食感で、水餅とでもいえばいいか。いかにもお供えらしく見え、食べるのがはばかられるような感じもある。稲花餅はこれに餅米をのせたものか。

御供菓子

地方のスーパーはお盆前、お彼岸前になるとお供え菓子でいっぱいになる。山形県酒田の御供菓子セットの中には、落雁の他に羊羹が入っている。菊形高坏と書かれたものは、菊形落雁を高坏に載せて販売している。籠盛りの果物を模した細工物もある。

質である。

さらに地方へ行くと目に入るのが仏壇店である。貼られた値札の額に驚愕しながら、こんなに大きな仏壇が家にあったらそれだけで埋まってしまうなと目で寸法を測ってしまう。だからこそ仏壇は部屋数の多い広い家のものだし、地方には仏壇店が健在なのだろう。

しかし実家では仏壇はなくとも祖父母の写真を飾ってお茶やお菓子をお供えしているし、私もお墓参りに行くときはお花とともに祖父母が好きだったおやつを持っていって、しばらく墓前に置いて一緒に食べたりする。なんとなくそれでいいのだと思っている。

故人にお供えをする習慣が日本各地にあまねく残っていて、長い伝統と風習によって培われたお供え菓子が、簡略化されたとはいえ、その形をとどめてふだんの生活に息づいていることに、日本人が根底にもつ信仰心を垣間見る思いがする。

水膳

石川県輪島のスーパーで遭遇。餅粉と寒天で水流を表してあり、添えられている黒い汁はごまだれである。夏のお菓子かと思い、お店の人に聞くと、少し困った顔で「仏事に使ったりするんだけど……」と口ごもっている。後から思えば仏前へのお供物であった。

丸子紅白

月見だんごのように、丸いものをピラミッド形に積み上げたものを丸子と呼び、お丸子、積みだんごともいう。写真は大分県のもの。積みだんご形のお供えは他に静岡、愛媛などでも見られる。積みだんごは落雁だけでなく、お砂糖、お餅で作る場合も多い。

玉羊羹

お彼岸に玉羊羹をお供えするのは福井県敦賀。羊羹は落雁と並んでお供えの定番だが、たしかに玉羊羹ならすぐにわるくなる心配がなく、下げた後も冷やして食べられる。形も丸く積みだんごのようにも見えて一石二鳥だ。しかしこのおびただしい数はどうだろうか。

たびのきほんはあるくこと。じぶんのあしであるくこと。どこへいってもあるくこと。あるけるかぎりあるくこと。そうすることではじめてみつかることがある。そうしないとみつからないものもある。どんなまちでもあるいているとかならずなにかみえてくる。おかしなものがみえてくる。おいしいおかしもみえてくる。だからたのしいあるくたび。

おかしなたび 岡崎

あわ雪
備前屋
豊川
Toyokawa
岡崎市街地 静かに走行
岡崎市 岡崎警察署 (社)全日本トラック協会
327K5
岡崎市康生通西
Koseidori nisi Okazaki City

お菓子屋さんのショーケースの中央には人気商品や新製品が華やかに並びますが、気になるのは片隅にそっと置かれた小さなお菓子。店名がつけられた昔ながらのお菓子だったりします。『ベルン』にて。

地元では当たり前でも旅人にとっては驚きの対象はなにもお菓子ばかりではありません。他には見られない街角の建造物とか人々の服装とか。地元の人に興奮して言っても「ああ、あれね」で終わりだと思いますが。

お正月過ぎの岡崎の町にやってきました。まだ町全体ににぎにぎしい空気が漂っています。伝馬通りの老舗精肉店『永田屋本店』には巨大松飾りが。さすが家康公の生まれ故郷。町のあちこちに記念像が建っています。

大通りから一本入ると、低い軒先に瓦屋根の古い町並みが広がっています。お昼前ののどかな町の雰囲気に、昔住んでいた家の近所を歩いているような錯覚を覚えます。あんまりお菓子には行き合わないけど。

一度行ってみたいと思っていた、中京圏で有名な珈琲のチェーン店『コメダ珈琲店』に入ってみました。近所のおじさんおばさんたちが、朝からおしゃべりや新聞読みや待ち合わせや居眠りに使う、くつろぎの空間でした。

伝馬通りのあたりにはその名も御馳走屋敷という、岡崎藩が重要な客人の接待に利用した迎賓館的なお屋敷があったとか。旅人は今以上に他国の地元食に驚いたことでしょう。鯛のお頭付きが定番だったのかしら、それとも鰻?

おや、そういっていたらあんなところで私を手招きしていました。レトロなイチゴケーキの看板に期待がふくらみます。看板が取り付けられた家のドアも少し気になりますけれども。ここは左に曲がってみます。

川縁にはいつも澄んだ空気と緑の大木があります。そのことが旅人にはありがたく思えるときがあります。岡崎の市内にも乙川が流れていて、きらきらと水面が光り、ぽつぽつと人が散歩していました。

地元の老舗和菓子店に行くとお目にかかるのが、練り切りで作られた立派なお祝い菓子。鶴亀、松竹梅、鯛鯉海老はよく見ますが、岡崎の老舗『備前屋』にあった巣ごもりの卵は初めて。お菓子は創意工夫の宝庫です。

『備前屋』の八丁味噌煎餅をおやつに食べます。味噌煎餅は愛知、岐阜に多いお菓子ですが、焼き締められた丸や二つ折りの半月形が主流で、小判形の薄焼は珍しい……などといちいち分析している自分がときに煩わしい。

歩道橋を上がると岡崎城が見えたので、行ってみることにしました。城下町の人はみなさんいまだに昔の殿様を敬っていますが、毎日お城を見て暮らし、学校で郷土史を習っていたら、自然とそうなるのかもしれません。

どこで間違ったのか、突き当たったのは地元の朝市でした。花、野菜、小魚などの店が路上にご自慢の品を広げています。愛知県は海に面して暖かく、半島では野菜畑が広がるので、市に並ぶのも新鮮なものばかり。

岡崎の人が八丁味噌やあんこやむにゅむにゅ系がお好きなのは知っていましたが、三重の袋菓子、「おにぎりせんべい」がこれほど好きとは知りませんでした。完全に棚を占領しています。私も好きなので気持ちはわかります。

岡崎出身の友人が「いちばん好きなのはいがもち」と言ったことがありましたが、岡崎の人はあわゆきやういろうやいがもちなど、むにゅむにゅした食感のお菓子がお好きなようです。大福もそれに入るのかな。

八丁味噌は岡崎の名産。二夏二冬を越した豆味噌は深く熟成した独特の風味。その土地のお味噌を少しずつ買って帰り、日によって赤だしにしたり、信州味噌にしたり、四国の麦味噌にしたりするのも、旅の楽しみのひとつ。

岡崎を訪れたのは今回で2度目です。1度目は数年前の大晦日で、通りすがりに年越しうどんを食べたのでした。お店の建物は駅前再開発で様変わりしましたが、あのときの大きな茹で釜とおうどんの味はそのままでした。

お城に敬意を払うのは結構なことですが、少々過剰に見えるときもあります。電話ボックスの上に天守閣が乗っていたら、落ち着いて電話をしていられない気がします。別の町では郵便ポストにお城が乗っていました。

サラリーマンひしめく鰻屋でお昼を食べていると、入って来たおじさんが「おう、来てたのか」と、帰りかけていた若い人に声をかけました。若い人はそのまま上司のお相伴をして、楽しそうに笑いながら揃って出ていきました。

おかしな
たび栃尾

今
栄

お菓子屋には小正月のまゆだまが飾ってありました。もなかの皮で縁起物の米俵や鯛やカブをかたどり、立春の頃まで飾ります。寒くて薄暗い冬の部屋を明るく彩るのでしょう。木はミズキの木と決まっているそうです。

鯛をかたどった落雁は昔はお祝い菓子の定番でしたが、最近はみかけなくなりました。栃尾の丸鯛は中にあんこが入った落雁です。サイズもいろいろ。どれにするかじっと見て、目の合った鯛を購入。『おさべ菓子店』にて。

栃尾再訪のきっかけは、古いノートに「栃尾おそるべし」と書いてあったからです。なにがおそるべしなのかというと、山深い里である栃尾に、びっくりするほどたくさんのお菓子屋さんがひそんでいたからなのでした。

栃尾は上杉謙信のふるさと。不識庵最中は、謙信の号に、紋所の竹に双飛雀をかたどった、謙信公に対する敬愛の念に満ちたお菓子。不識庵が謙信の号とは知りませんでした。お菓子を食べると歴史の勉強にもなります。

角の豆屋ではおばあちゃんが「なにに使うの?」と聞いて、豆を選んでくれます。豆を量るのは年季の入った升。ずっと欲しかったそばがらも買って、なんだか違うもので手がいっぱい。帰ったら念願のそばがら枕を作ろう。

栃尾がお菓子の町と思っているのは私だけで、栃尾はふかふかの厚い油揚げの町として知られています。栃尾ではあぶらあげをあぶらげといいます。揚げたてを食べさせてくれるお店もあります。ねぎとお醤油をかけてね。

カンジキが雑貨屋で無造作に売られているのを見て、衝撃を受けました。山の用語でいうわかん(カンジキ)は雪山登山の装備と思っていましたので。まさにここ栃尾が雪深い山のなかであり、そこでの生活用具なのでした。

栃尾の町には雁木といって、木でできたアーケードがつながっています。それぞれの家が自分の家の軒先から雪よけの庇を出してつなげ、皆がその下を伝って歩いていく仕組みです。雪深い土地の人々の助け合いの知恵。

『升金』のご主人の相槌は「そうだのー、そうだのー」と、おっとりしたお殿様のようです。語尾がすうっと消えていってしまうような。そんなところに城下町らしさを感じます。冬限定の豆ようかんはすっきり、品のよい味わい。

地元のスーパーは土地柄を知るのに格好の場所です。新潟の人はお漬物が大好きな上、家で漬けるため、漬物専用棚が設置されており、大量の塩が販売されています。でもあんまり食べると高血圧になるし、どうかほどほどに。

サンドパンも栃尾の隠れ名物です。こぶりのコッペパンにクリームを挟んだだけの菓子パンの原型ともいえるパンですが、それだけに素朴で懐かしい味。『庄七』『玉勘』のコッペがスーパーで山積みになっていました。

ふと目を上げると、屋根の上にさらにはしごがかかっています。これ以上どこへ行くのかと思ったら、屋根の雪下ろし用にあらかじめ設置してあるのでした。しかし、天上へと続くはしごに見えてしかたありません。

日が暮れるのが早い栃尾の冬。あたりに積もったたくさんの雪のせいか、青白く暮れていきます。消防署の消防車も、食堂の暖簾も、お宮の鳥居も、眠るように静かで、町全体が寝支度を始めたようです。

「秋葉饅頭」で有名な『高庄』には「淡雪」と「おぼろ月」があります。あん入りの卵白寒天と、半月形の黄身寒天ですが、そのはかなげな名前がしっくりきます。白い山の雪と黄色い空の月の組み合わせも、絵のように美しい。

歩いているとやはりしんしんと寒いのです。足先がしびれてきて、寒さが足もとからすうすう上ってきます。それでも今日は朝から少し日が出て、積もった雪が溶けて、溶けた雪を猫がなめていました。

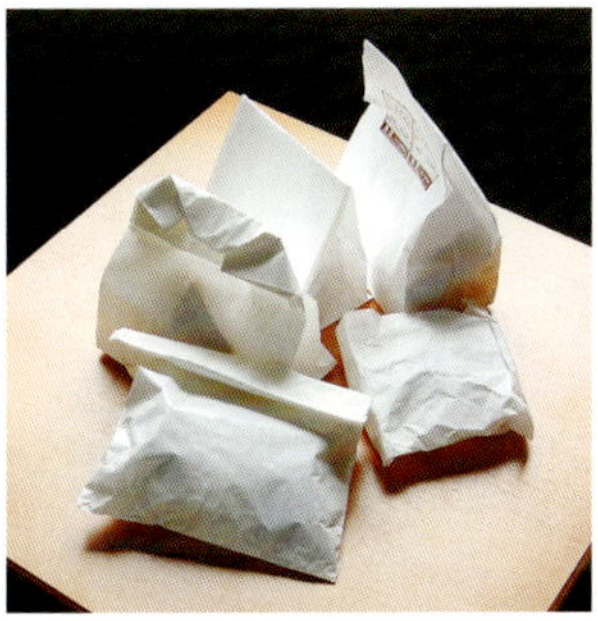

栃尾から帰ってきた翌日、あちこちのお店で買ったお菓子の袋を出してくると、揃って雪のように白い紙袋なのでした。栃尾の人は今日も雪に囲まれた町で、春を待ちながらお菓子をつまんでいるんだろうな。

大雪や吹雪に見舞われ、日々雪下ろしに雪かきに忙しい雪国、なにもそんなに苦労しなくてもと思いますが、「それでも冬は雪があった方がいいわね。季節を感じるし」と言う地元の人の言葉に、尊敬の念を抱きます。

お昼に洋風カツ丼を食べた『高見屋』では飾り窓に手作りの手まりが飾ってあって、私が土地の人でないとわかると、おばさんが「持っていって」と出してくれました。お礼を言うと「また栃尾に来て下さい」と言われました。

木の実　草の実のお菓子

どんなに時代は変わっても、木の実草の実は
人々にとって自然の恵み。やさしいおやつ

山形県鶴岡

青春18きっぷと栃の実

　会社勤めをしていた頃、隣に座っていたのは酒田に田舎がある女性だった。彼女自身は東京生まれだったが、母方の実家である酒田が好きで、酒田に帰ると大勢の親戚がいて、お盆やなにかで集まりがあると、彼女も一緒になって立ち働いたり、飲んだり食べたりするのだと、よく話していた。そして食べたこともない田舎の料理や食材のことなども教えてくれた。私には田舎らしい田舎がなかったので、そうした世界は本で読んだ物語のように物珍しく、少し羨ましい気がした。料理にも慣れていないせいか、彼女の家へ行ったときに出してくれた鶏と大根のスープもとてもおいしかった。刻んだばかりの青い葱が乗っていた。

　そんな彼女が教えてくれたお菓子がとちの実かりんとだった。これ、おいしいんですよと言ってくれたかりんとうはへんぺいで、小麦粉を伸して揚げただけのものに見えたが、食べるとなぜかおいしく、後を引く味だった。これがあの栃の実の味なのかと思った。

　栃の木は東北や北陸の積雪地帯に多い木で、その実は昔から食料として山村で使われてきたのだが、関西出身で栃の木に縁のなかった私は、山に行くようになって初めてその木に出会ったのだ。落ちたての栃の実は栗まんじゅうのように光沢があって、他のどんぐりよりもずっと美しい。その美しさは山道に宝石が転がっているようなもので、私はいつも夢中になってそれを拾った。しかし残念ながら美しさは長続きせず、家に持って帰ってしばらくすると、乾燥して輝きを失い、沈んだ色の実になってしまう。

　山形のおばが送ってくれたというかりんとうを彼女にもらって食べながら、私は山に落ちているつややかな栃の実を思い出していた。

　ある夏、当時所属していた編集部の企画で、部員それぞれが少しでも安い交通手段を講じて北海道の山に行くことになり、電車の旅が好きな私は、夜行二泊で北海道をめざすことにした。一日2300円で快速か各駅停車ならどこまでも乗れる青春18きっぷを買い、東京から日本海側に出て、青森まで延々北上し、津軽海峡をトンネルで抜けるのである。

　一日めの朝は新潟の村上で明けた。乗り継ぎは酒田だった。ここが彼女の言っていた酒田か。30分ほど乗り継ぎに時間があったので、私は駅の外に出て、歩いてみた。早朝なので人も車もなく、少し涼しく少し寂しい夏の朝だった。通りを一本行った角に、木々に囲まれた小さなお社があったので、お参りをしてまた駅に戻った。朝ごはんのパンでも買おうと駅の売店をのぞくと、パンや新聞の横にあのとちの実かりんとが置いてあった。私は嬉しくなってそれを買い、すでに停まっていた電車に乗りこんだ。

　酒田を出て秋田までの間、車窓からは緑の田圃がどこまでも続き、その向こうに彼女ご自慢の鳥海山が裾野をひろびろと広げてたっていた。

栃の実は栗ほどの大きさで、食用にするには数日間かけてあく抜きをする必要がある。栃の実を使ったお菓子では、とち餅がよく知られている。「とちの実かりんと」は『菓子の梅安』のもの

山葡萄

さなづら

秋田県角館

さなづらとは山葡萄の一種で、山に生える野生の葡萄である。山葡萄のなかでも特においしいとされるが、山中で出会える機会はほとんどない。角館の『福寿』の「さなづら」はその貴重なさなづらの実の果汁だけを使ったお菓子である。お店では独自に栽培する他、毎年山で採って売りに来る人たちから買い取りもし、その果汁を保存して、少しずつお菓子にするという。見た目は真っ赤で、色がつけられているのかと思うが、これが本来のさなづら果汁の色。口に入れると、ふーっと山葡萄の爽やかな酸味と甘い味が広がる。それは山のなかで小さな実を見つけて食べたときと同じ、寒くなりかけた秋の山の、冷たい空気に洗われた木の実の味がする。

柚子

柚餅子《ゆべし》

石川県輪島

柚子は、四国や九州の暖かい地方の山の斜面で太陽の光を浴びて育つ、香り高い柑橘である。そのまま食べることはできないが、絞ってジュースにしたり、お吸い物や冬のお鍋の薬味に使ったり、お菓子の材料に使ったり、お風呂に入れて温まることもできる、利用価値の高いくだものである。そして地方によっては柚餅子にもする。柚餅子は柚子の果実を取り出し、餅粉やお砂糖と混ぜて戻し、蒸しては乾燥させてを繰り返して作る高級菓子。石川県輪島の『中浦屋』の「丸柚餅子」は濃い飴色で、古くは旅人の携行食であったともいい、古の食物といった感が強い。

林檎

薄雪

青森県弘前

東北の青森や信州の長野を秋の季節に旅すると、赤いりんごがたわわに実ったのどかな風景を目にすることができる。りんごはこんなふうに実っているんだなと、改めてその素朴な美しさに感じ入る。ことに青森県はりんごの一大産地としてりんごを愛し、りんごを使ったお菓子もたくさんある。弘前の『甘栄堂』の「薄雪」はりんご果汁をりんごの輪切り形に寒天で固めた昔ながらのお菓子で、かむとしゃりしゃりとして、断面はまるで氷の下の水のような透明感。そこにりんごの果汁がつまっている。北国の冬の冷たさを思わせる、すてきなお菓子である。

甘野老

黄精《おうせい》飴

岩手県盛岡

甘野老とはアマドコロと読んで、春に山を歩くと、足もとの草むらに首をかしげて白い花をいくつも茎にぶら下げている、小さな山野草のことである。よく似たナルコユリとともに、この小さな花々の根を煎じた汁を、お砂糖と飴と餅粉に加えてやわらかい求肥にしたのが『長沢屋』の「黄精飴」だ。根の煎じ汁などと聞くと、なにやら苦い漢方薬の味がするのではないかと躊躇してしまうが、決してそんなことはない。小さくくるんだ和紙を取って口にすると、黒いやわらかな飴はほんのりと甘く、けれどもどこかに野山の香りを感じ、盛岡へ行くといつも買ってしまう。

木の実のお菓子といえば胡桃。長野、岐阜、石川、富山、山がちの県にことのほか多い

葡萄

月の雫

山梨県甲府

巨峰、ピオーネ、ナイアガラ、瀬戸ジャイアンツ。ぶどうの品種は年々覚えきれないほど増え、年々贅沢で大粒の、果汁たっぷりのぶどうが市場に出回るが、「月の雫」に使うぶどうは千二百年以上前からあるといわれる甲州原産の「甲州」と決まっている。生のぶどう一粒一粒に丁寧に砂糖衣をつけただけの素朴なお菓子で、小さく丸く白い姿は清楚な美しさ。その優雅な名前もこの美しいお菓子を喜んだ甲府城主の命名である。少しすっぱいぶどうは甲州ワインにも使われる品種で、お砂糖の甘さと相まって、野性味を残した昔ながらのぶどうのおいしさを改めて味わうことができる。『三友商会』他、甲府市内の数店で作られている。

榧

かやあられ

岐阜県中津川

榧は山に生える針葉樹で、ちょっと暗がりになった林のなかに、ひっそりと立っているような木である。榧の実はこの木の実で、少し細長く、アーモンドに似た形で、そのまま食べてもおいしい山のナッツ。実りの時期にはタヌキやリスとの争奪戦になる。かつてはその実から油を絞り、食用や灯り用にも使ったという。富山県の城端には榧の実を粉末にして固めて砂糖衣をかけた「がや焼」という郷土菓子があるが、岐阜県中津川の『すや』の「かやあられ」は一粒一粒をそのままの形で煎って砂糖衣をかけてある。栗、胡桃、栃、榧。山の木の実はやっぱりどれもおいしい。

柿

柿羊羹

岐阜県大垣

古くから日本にある柿にも、種類は多くあって、それぞれに楽しめる、奥の深いくだものである。しっかり固めの次郎柿、甘くて大きい富有柿、小粒で渋抜きのおけさ柿。柿羊羹に使われる柿は堂上蜂屋柿という、干し柿として平安期から千年以上の歴史をもつ、いわば柿の王様である。上等なお菓子のようにとろける甘さで、干し柿に対する概念を覆される。お砂糖のなかった時代の人々にとっては、お菓子そのものだっただろう。そんな柿をふんだんに使ったお菓子が『つちや』の「柿羊羹」。秋の光を集めて透き通る干し柿を連想させる、美しい琥珀色をしている。

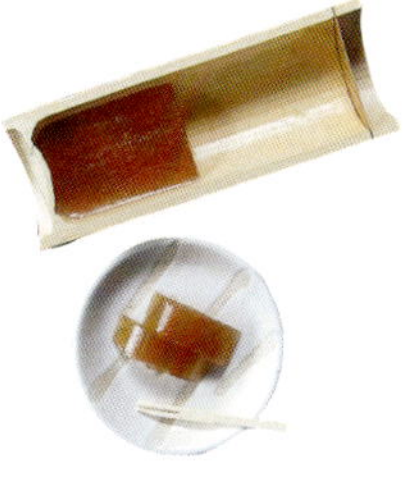

ざぼん

ざぼん漬

大分県別府

ざぼんは、ぼんたん、ぶんたんとも呼ばれる柑橘で、遠くインド、中国からやってきた、みずみずしく大きな果実。ざぼん漬けはこの実の果皮と果肉との間にある、皮の白い部分を使った砂糖漬けである。秋に収穫された実を剝いて仕込み、1年を通して作るという。『塩月堂』の「ざぼん漬」にはざぼん漬と赤ワイン漬があり、形はざぼんの大きさそのままに、ゼリーのように絶妙のやわらかさに仕上げてある。お店では自然乾燥にこだわり、内側はやわらかく外側だけが乾くように調整しているという。なによりざぼんのもつ透明感と大らかさが生かされているのがいい。

木の実のお菓子といえば栗。長野の小布施、岐阜の中津川には有名専門店もある

下乗
上日寺
駐車場は手前にあります

富山県氷見

ぎんなんと立山

その箱の包装紙には、大きな銀杏《いちょう》の木の根方に人々が笑い集っている絵が描かれていた。立山からの帰り道、富山の駅の名店街をのぞいていて見つけたその楽しげな絵に見入りながら、内心、ぎんなんの入った餅菓子なんてどうなのだろうと思ったが、それでもお店に向かったのは、絵に描かれた銀杏の木のことが知りたくなったからである。

市内にある『おがや』で聞くと、この絵の木は氷見の朝日山に今もあって、樹齢千三百年といわれる霊樹なのだという。実際にこの実を使ってお菓子を作ったのが始まりで、絵は先々代が楽しみで描いたものだそうだ。今ではそれほどとれないので、県内の実を使っているが、それもおじいさんやおばあさんが山へ入って取ってきたものだという。ぎんなんは血の循環がよくなるから体にいいんですよ、昔の人はなんの実がなにに効くとよく知っていましたねといったお話をうかがいながら、いただいたお餅は求肥の羽二重で、黄色い粒々になって入っているぎんなんの味は最後にかすかにするだけ。思っていた以上に品のいいお菓子であった。そのことをつい口に出すと、お店の女性も、私もそう思いますと言って笑った。

包装紙(左上)、箱(左下)、個包装(右)のいずれも先々代店主が描いたもの。銀杏の木は氷見の朝日山上日寺境内に現存(右頁奥の木)。『おがや』は氷見本店と富山店の2店がある

氷見に行かれたら「大きな銀杏の木のあるお寺へ行きたい」と言えば、氷見の人なら誰でも知っているので教えてくれますとお店の人はおっしゃり、そして、木がだいぶ年を取りましたから、実は小さくなったけど、御利益がありますから、落ちていたらひとつ拾って食べられるといいと思いますと言い添えてくれた。

私は氷見へ行き、人に聞いて、銀杏の木のある朝日山へ向かった。本当に大きな老樹だったが、どこか泰然としていて、こちらに差しかけてくる枝先から出したばかりの若葉は、小さな子どもの表情であった。春だったので残念ながら実はなく、落ちていた葉をもらった。

お寺から展望台のある公園まで上がって、あたりを見渡すと、富山湾を隔てて白銀の立山が見えた。あの銀杏の木も山を遠くに眺めて暮らしているのだろう。

お菓子の縁

大垣

敦賀のスーパーで水まんじゅうの出張販売をしていたのは大垣から来たというおじさんだった。

　痩せて細面のおじさんは、水まんじゅうの前で足を止める人に「この水まんじゅうはうまいよ、食べてみな」と声をかけて、盛んにそのおいしさを宣伝していた。私は水まんじゅうをよく見てみたかったが、しゃべりのおじさんに話しかけられるのが億劫で、他のおばさんがおじさんにつかまっている間に寄っていって、置いてあるお菓子を眺めた。わらびもちやみたらしもあって、ふむ、どれにしたものかと考えていると、おじさんはめざとく私を見つけて声をかけてきた。

「そのわらびもちは本物のわらび粉を使ってるからうまいよ。食べてみな」。いや、見ただけでおいしそうとわかるから大丈夫と答えると、「そうだろ？　おっちゃんとこのお菓子はみんなうまい。材料を吟味してるからな」。おじさんはご機嫌である。特におじさん一押しの水まんじゅうの透明感はどうだろうか。目をみはるものがある。「そうなんや、葛が一〇〇パーセントだと、時間が経っても透明なままなんや。きれいやろ？　水まんじゅうは葛のおいしさで決まるんや」。おじさんはますます得意げである。

「水まんじゅうは水のきれいな町のもんだから。小浜、大野、大垣、どこの町でも、盃に水まんじゅうを入れて、水で冷やして売ってるんや」。私も小浜でも大野でも水まんじゅうを食べたことがある。でも大垣は行ったことはあるが、水まんじゅうは食べていないと言うと、「え、大垣来たことあるの？　でも水まんじゅう食べなかったの？　そりゃ残念やな」とおじさんはさも残念そうに言う。「知られてないけど、大垣は水がきれいなんや。大垣に来たら、水まんじゅう食べなあかん。駅前の有名な和菓子屋でもやってるから、食べなあかんわ」。よほど大垣の水まんじゅうがご自慢なのだろう、よその店の宣伝までする。それにしても

大垣というわりには随分と関西弁やけど、おじさんどこの出身？

「おっちゃんは結婚して大垣に来てん。もう大垣の方が長いけど、大垣はいいとこやで」と、また大垣自慢だ。そのままふんふんと聞いていると、「おっちゃんはほんまは大阪のぼんぼんなんや。昔はお金なんか持ったことなくて、使い方も知らんかった」などと話が妙な方向に逸れてしまった。今のは眉唾だけど、おじさんの水まんじゅうは本物だから買うわ。

「おおきに」と渡してくれたおじさんに、今度大垣に行ったら、おじさんの店も行くわと言ったら、「うちは卸やから小売の店はないねん」と、少し残念そうな顔をした。そしたら、おじさんの水まんじゅうはもう買えないということか。「たまにここに売りに来てるから寄ってや」。おじさんは言うが、敦賀に来ることもそうそうないからなあ。

　そんな私におかまいなしに、おじさんはもう次の標的に盛んに話しかけていた。

中津川

岐阜の中津川にはからすみという、変わった形のお菓子がある。切り口が山の形になったお菓子で、味は白砂糖、黒砂糖、よもぎ、くるみ、ゆず、小豆、さくらなどがある。米粉を蒸して作ったお菓子で、ういろうに似ているように思われるが、ういろうではない。もとはひな祭りのお節句のお菓子で、その風変わりな名前は、魚卵の珍味であるからすみが、信州の塩の道を通ってこの地に伝わってきたときに、高価なからすみには手の出ない庶民が、子だくさんとかけてひな祭りのお菓子にからすみと名づけたのだという。富士山のような山の形は、女の子の美人の証拠である富士額を表しているともいわれている。

こうした説明を、からすみ屋のおばさまは立て板に水で一気に話した。おそらく、訪ねてくる観光客に何度も同じことを聞かれて、そのたびに答えているうちに、暗記した答えを棒読みしているような調子になってしまったのだろう。

おばさまはひと息つくと、「昔はどこの家でも作ったけど、今は作らないから、年輩の男の人なんか、懐かしいと言ってそこに腰かけて、一本食べていったりするわね」と、私たちが腰掛けている椅子の方を向いて笑いながら言った。一本といっても細い羊羹ほどの太さがあるのだから、大したおじさんだ。そして、改めて私たちの格好を見て、山に行って来られたの、と聞いてきた。からすみは山へ行く人も時々行動食代わりに買いに来るそうで、そのまま食べられるから便利なのだとおばさまは言った。

そして、どこの山に登ってきたのかと私たちに問い、「私たちも、昔は朝お天気がいいと、店を閉めて山に行ったりしたわね」と懐かしそうに言う。このあたりには富士見台という山もあるけど、以前はよく、諏訪の高ボッチや鉢伏山にも行ったそうだ。昼から行って少し歩いて下りてきてもいいし、温泉に泊まってもいいしと、当時の山の計画を振り返っている。そして「あのあたりの山は、昔は花がいっぱいできれいだったけど、今はすっかり減ってしまってね」と残念そうに話した。

たしかに高ボッチ周辺の山は、昔と違って明らかに花が少なくなった。私自身、子どもの頃に見た花いっぱいのお花畑と、今の夏の草原はあまりにも印象が違ってしまっている。

「マツムシソウとか、キリンソウとか、フウロとか、いっぱい咲いてきれいだったわね。高ボッチも美ヶ原も昔はよかったんだけど。花がいっぱいでね、きれいだったわね」。ひとりごちるおばさまの脳裏には、今、美しかった頃の山々のお花畑が広がっているのだろう。

おばさまははっと我に返って、私たちの頼んだからすみを包みながら、一度に食べないときは切って冷凍するといいとか、薄く切ってあぶってもいいとか、いつも話しているのだろう注意事項を、立て板に水で説明し始めた。

長岡

「むつのはなさく　こしじなるー、まなびのにわは　かずあれどー」

　地吹雪の激しい真冬のある日、ほうほうの体で飛びこんだ和菓子店で、「むつの花」というお菓子の説明を聞いているときのことであった。お店のおばさまが小さな声で口ずさんだのである。

　それはおばさまの小学校の校歌で、明治六年創立の由緒ある学校だという。むつの花咲く越路なる、学びの庭は数あれど。六角形の雪の結晶を表すむつの花は校歌にも登場する美しい言葉であり、雪国ではなじみ深いものであった。

「このあたりは古い土地なんですよ。裏の山では釜沢石という家の土台にする石が採れたので、昔は石工がたくさんいてね。店の前の道にも石を敷いてその上を大八車が通ったのよ」と話してくれる。その石をかたどったお菓子もあるという。

　お菓子のケースには銘菓の他にも、近隣の人がふだんづかいにする小さなお菓子が並んでいる。「今はそういうものが増えましたけど、昔はまかない菓子が多かったんです。まかない菓子というのは冠婚葬祭に食べるお菓子で、集まりがあると大量に届けたんですよ。それが今はなんでも簡素になって、そういう風習もなくなりましたね」と言って、今も注文を聞く際に使う見本帳を出してくれる。それには三つ山とか五つ山といった昔の式菓子が載っていて、練り切りや落雁でできた鯛や松のなかに鯉の形もあった。

「鯉で有名な山古志村が山ひとつ越えたところですからね。この鯉は今でも地元の出身の人が頼んできたりするわね」と言っておられる。山古志といえば、数年前に新潟県中越地震があった地域ではないだろうか。「あの地震で、このあたりの家は軒並みみんな倒れました。うちも二年くらい休業していたんです。ですからこの建物も新しいでしょう」。「むつの花」は昔からここにあって、作るお店もずっと続いているものとして、なにも考えずに来てしまったが、決してそれは当たり前のことではないのであった。

「今日みたいな吹雪の日はそうはないわよ。昨日までは明天気《あかでんき》だったんですけど」。こんな日は外に出ないと言って、おばさまはお茶をいれてくれた。

　先ほどの校歌の続きはと聞くと、「かなくらやまはいやたかくー　おおたのかわはみずきよしー、だったかな?」と言って笑っている。金倉山は学校から見える山で、太田川は目の前を流れる川で、金倉山はお菓子になって、やはりケースに並んでいた。

「雪に慣れていないだろうから、運転に気をつけて」とおばさまは何度も言いながら外まで出てこられた。そして「また寄って下さい。春になるとね、またいいから」、そう言って見送ってくれた。

　町へ向かう道すがら、おばさまのむつの花の小学校が建っていた。校門の横には半分雪に埋もれて大きな松が立っている。私はまだ粉雪の降り続く道に出て写真を撮り、車に戻った。

燕

しかしなぜまた少しさびしいこの町にケーキを買いに来たのだろう。おそらくそれは最初の印象があまりに強烈だったせいだ。

　10年ぶりに来た燕の町は前よりさびしげだった。以前は夜に来たせいか、商店街もぴかぴかと電灯が光って明るかったけれども、今日は激しい地吹雪の翌日で、アーケードのなかまで雪が吹きこんで積もり、シャッターを閉めている商店も多かった。それでも目当てのお店は開いていて、やっぱりお菓子を焼くいい匂いがした。前に来たときも、このいい匂いがしたのだ。今回も同じ匂いがして、ほっとする。お店のご主人（親しみをこめておじさんと呼ぶことを許していただこう）は今日もケーキを作っていた。

　おじさんは今日は丸いケーキを作っている。あのときは新潟の定番ケーキであるプラリネを焼いているところで、おじさんは業務用オーブンの前に立って焼き上がりを待っていた。私は大きなオーブンから流れ出る、あまりにいい匂いにつられて、思わず一本買って帰ったのだ。

　おじさんは見慣れない顔の私たちを見て、愛想よく笑い、いらっしゃいませと言って、そのまま作業を続けていた。ケースを見ると今日もちゃんとプラリネが並んでいる。今日はなにを焼いているんですかと聞くと、スフレケーキですと言われる。聞いてから、変なことを聞く客だと思われただろうと思い、実は前にも偶然うかがったことがあって、あのときはプラリネを焼いていらしたんです、本当にいい匂いがしてと説明すると、そうでしたか、プラリネはここ30年くらいで定着したケーキでねと言って、いろいろ教えてくれる。

　けれどもおじさんはプラリネに対して特別な思い入れがあるわけではないことは、話しぶりですぐにわかった。私だけがこの10年の間に思い出をふくらませ、おじさんとプラリネを結びつけて、印象をよくしていたようである。私にとって特別なお菓子だったように、おじさんにとってもプラリネは特別なものなのではないかと勝手に思いこんでいた。しかしおじさんにとってはプラリネも毎日作るケーキのひとつでしかない。ケーキ作りはおじさんの仕事なのだから。そう思うと、あの匂いが忘れられずにやってきた自分が滑稽でおかしかった。

　おじさんは話しながらも手を止めずにケーキを作っていく。奥からよく似た面差しの若い息子さんが出てきて、お父さんの仕事を手伝い始めた。おじさんはオーブンと作業台の間をせわしく何度も行ったり来たりしてケーキの焼き上がりを見極めている。店にはケーキの焼けるいい匂いが満ちている。

　私は今日ももちろんおじさんのプラリネを買って帰った。おじさんの店があるかぎり、私はまたこの町に来るだろう。

坂出

　坂出という地名をいつ覚えたのか、今日泊まる町の数駅先にその名を見つけたとき、なんとなく行ってみようという気になったのは、記憶の底にその名が沈んでいたからにちがいない。すでに時刻は夕方だったが、私は各駅停車で坂出までゆき、電車を降りた。

　駅前は地方都市にありがちな、再開発されただだっぴろい広場で、冷たい風が西から東へと吹き抜けていた。風に逆らうようにして歩き始めてすぐ、私はただ漠然とこの町に来たことを後悔する気持ちになっていた。

　駅の周辺をぐるりと歩き、商店街のアーケードを見つけて足を踏み入れたが、そこはすでにシャッター街と化していて、黒い人影が奥の方に見えるだけだった。不意に「ひと気のない高架下と商店街をひとりで歩いてはいけません」という、子どもの頃に何度も繰り返し聞かされた親の言いつけが頭をよぎり、私はあわててきびすを返した。

　駅前まで急ぎ足で戻り、もう一本、明るい駅前通りがあるのを見つけて、少しだけ行ってみることにした。ひとつめの角まで行って、首を出してなにもなかったら帰ろうと決め、そっとのぞくと、すぐそこに「餅」と書いた看板が地面に置かれていた。

　私はそろそろとその看板に近づき、看板の横の路上に出してあるガラスケースを見た。中には白いのし餅がいくつか並んでいて、ビニールの袋にいくつかの丸い小餅が入ったのもあった。人のいない店先には上生菓子も並んでいて、それらのお菓子も眺めようと店に近づいたそのとき、突然「いらっしゃいませー、いらっしゃいませー」という機械的な連続音が鳴り響いた。それはよくある探知式の警報器で、私は思わず後じさりしたが、時すでに遅し、奥から男の人が出てきてしまった。

　私は観念して、ケースに並んでいるお菓子について尋ねた。そこにはういろう椿と書かれた、初めて見るお菓子があったのだ。ご主人とおぼしき人は少々くたびれた服を重ね着していて、こたつで横になっていたようなようすだったが、店の前にいる私の横まで出てこられて、「それは回りがういろうの生地でできておりますが、固くはありません」「徳島ではういろうを食べる地域もあるようですけれど、香川では生菓子の材料には使いますが、ういろうだけというのは食べません」などと丁寧に答えて下さる。その口調は品のいい和菓子屋さんのそれであった。他におすすめはと聞くと、麩焼にあん入りの求肥を挟んだ「しほ所」という、お店の代表銘菓だと言う。

　昔、このあたり一帯は塩田事業が盛んだったことから、それにちなんだお菓子だそうだ。「私が中学校時代の社会科の教科書には、坂出は日本一の塩の産地だと書いてありました」と、少し自慢げに話してくれる。

　私はご主人とひと回りは違うと思われ

たが、坂出の名を覚えていたのは、私の教科書にもそのことが載っていたからかもしれない。海を挟んだ対岸の本州に住んでいた私にとって、四国は近いような遠いような存在であった。まだ瀬戸大橋も架かっていない時代である。山の中腹にあった学校の窓からは、お天気がいいと瀬戸内海が光って見えていた。

　ご主人は明らかに土地の人ではない私が夕方遅くに現れたことを怪訝に思っていたのだろう、「なぜまた坂出にいらしたのですか」と、向こうを向いてお菓子を包みながら尋ねられた。私は坂出のことを同じように学習していただろうこと、またその名は関西出身の私にとって、近しい場所に感じられたことを話した。

「でも、今ではもう製塩事業はすべて機械化で、このあたりの塩田は全部なくなって、町もさびれてしまってね」。どこもシャッター街でしたでしょう、地方はみんなそうなってしまって、とご主人は残念そうにおっしゃる。

　少し前の時代まで、それぞれの地方には地方特有の産業があって、人々が集まり、にぎわっていた。しかし、時代は変わり、産業は衰退し、大都市への一極集中が止まらなくなり、地方の町に人はいられなくなってしまった。そうして往時の面影は、こうして小さなお菓子だけがひっそりととどめている。

　いえ、それでもと私は言った。どの地方も、お菓子屋さんだけは開いているんです。現に今日もそこから首を出して、お餅の看板を見つけたんですと言うと、ご主人は驚いたように私の顔を見て、それから相好を崩されて、「そうですね、お菓子屋は昔から大もうけはしないけど、大きく下がることもない、いつも同じように売れるといわれているんです。食べるものですから。それでも、作られた商品を仕入れていたら、とても大手にはかないませんが、うちのように手作りでやっている店はなんとか、やっております」と笑顔でおっしゃった。

　自転車の停まる音がして、見ると表に常連と思われるおばさんが立っていた。見慣れぬ先客に戸惑った表情のおばさんに急いで近づきながら、ご主人は私を振り返って「どうぞ、お気をつけて」とおっしゃって下さった。お礼を言ってお店を出ると、後ろで「小餅下さい」と言うおばさんの声が聞こえた。最後の一袋だった小餅を買わなくてよかった、と私は思った。

　宿に戻って包みを開けると、小さなしおりが入っていて、そこにはこう書かれていた。

「近代的設備の工場群を北へ走り抜け
海を目指していくと　万葉の世に柿本人麻呂が『玉藻よし讃岐の国は……』と詠んだ沙弥島に着く。頭上に昭和六十三年春世紀の大橋と世界中から賞賛され完成した瀬戸大橋が横たわっています。

　しかし　坂出の人たちは　今では見る影もなくなったのどかで活気に満ちあふれていた日本一の製塩風景を思い浮かべるのです」

　これはおそらくあのご主人が書いたものにちがいない。ご主人が町を抜けて海を見に行く姿が見えるようであった。

　翌日、私は電車で四国から本州に渡った。坂出を出て、電車はしばらく海沿いを走った。塩田は最盛期には坂出、宇多津、丸亀まで広がっていたという。首を伸ばして高い防音壁の向こうをのぞくと、工場と思われる建物や駐車場の合間に、茶色い枯草の生えた空き地が見えた。このあたり一帯が塩田跡なのだろうか。

　もっとよく見ようと体を乗り出すと、電車はまばゆい光の海上に出て、それきり坂出の海辺は見えなくなってしまった。

道の駅竹田　竹田市米納663-1　0974-66-3553
道の駅日向　日向市幸脇241-7　0982-56-3809
耳川お舟出の会　日向市美々津町　0982-58-0661
阪本商店　宮崎市佐土原町上田島38-1　0985-74-0795
柚木崎菓子舗　東諸県郡国富町本庄4042　0985-75-2076
長饅頭　宮崎市高岡町高浜2674-1　0985-82-3366
中島製菓舗　都城市高崎町大牟田3574-2　0986-62-3961

◉もちのまち

［新潟］
古九野沢屋　中央区花園1-1-1　025-243-7250
笹川餅屋　中央区西堀前通4-739　025-222-9822
市川屋　中央区東堀通5-429　025-223-1954
田中屋本店　中央区古町通10番町1715-1　025-228-1445（古町店）
真保餅屋　中央区本町通12番町2754-1　025-222-9638
さわ山　中央区夕栄町4513　025-223-1023

［富山］
宮崎餅店　西町5-5　076-422-2984
石谷もちや　中央通り1-5-33　076-421-2253
餅の杉谷　明輪町1-227　076-433-0370

◉門前の餅

よねや　徳島市眉山町大滝山4　088-623-2775
珍重庵　新宮市大橋通り2-3-3　0735-22-3129
しげのや　北佐久郡軽井沢町峠町2　0267-42-5749

◉峠の餅川越の餅

ドライブイン東餅屋　小県郡長和町和田男女倉5308-52　0268-88-3064
甘酒茶屋　足柄下郡箱根町畑宿二子山395-1　0460-83-6418
みどりや　大月市笹子町黒野田1343　0554-25-2121
石部屋　静岡市葵区弥勒2-5-24　054-252-5698
菓子処もちや　掛川市葛川228-1　0537-22-4833
へんばや商店　伊勢市小俣町明野1430-1　0596-22-0097

P86-93 ■ みんなのおやつ

◉買い食い図鑑

あかお　小浜市駅前町6-38　0770-52-0645
川越黄金焼店　弘前市土手町21-3　0172-32-6547
フリアン　沼田市上之町193　0278-23-6551
おのがみ菓子舗　宇和島市中央町1-6-10　0895-22-0874
いか焼き　大阪市北区梅田1-13-13　阪神百貨店梅田本店B1F　06-6345-1201
金時の甘太郎　成田市花崎町527　0476-22-0823
福田パン　盛岡市長田町12-11　019-622-5896

◉炭酸煎餅

湯の花堂本舗　神戸市北区有馬町1714　078-904-0580
泉堂　神戸市北区有馬町868-1　078-904-0266
有馬せんべい本舗　神戸市北区有馬町266-10　078-904-0481
いづみや本舗　宝塚市宮の町10-8　0120-69-1238
三津森本舗　神戸市北区有馬町290-1　078-903-0101
黄金家　宝塚市湯本町9-27　0797-86-2962

P96-99 ■ 四国のお嫁入り菓子

則包商店　丸亀市中府町5-9-14　0877-22-5356
徳島乳販　徳島市佐古二番町4-9　088-678-8581
にいはま大一　新居浜市大生院64-19　0897-43-5390

◉地元で人気の全国引き菓子

ユーハイム　神戸市中央区元町通1-4-13　078-333-6868
念吉　新潟市中央区沼垂東3-2-2　025-244-5630
ふくやEMAIR　伊豆の国市南江間1387-4　055-948-3039

P102-109 ■ おかしなたび

岡崎市観光協会　0564-23-6216
栃尾観光協会　0258-51-1195

P110-115 ■ 木の実草の実のお菓子

菓子の梅安　鶴岡市大西町19-4　0235-22-2147
福寿　仙北市角館町岩瀬町44　0187-54-1122
甘栄堂　弘前市代官町41　0172-32-1011
中浦屋　輪島市河井町わいち4部97番地　0768-22-0131
長沢屋　盛岡市神明町2-9　019-622-5887
三友商会　甲府市美咲1-3-9　055-252-6634
つちや　大垣市俵町39　0120-78-5311
すや　中津川市新町2-40　0573-65-2078
塩月堂老舗　別府市元町14-16　0977-23-0664
おがや　氷見市比美町6-17　0766-74-3000

お店一覧

P14-19 ■ ばっかりのまち

◉えびせん街道（西尾市）
青山　一色町対米五太66-1　0563-72-8696
丸源えびせんべい　一色町一色亥新田67-2　0563-72-8545
犬塚商店　一色町前野荒子84-5　0563-72-8728
丸政製菓　一色町対米蒲池5-5　0563-72-8221
吉香　一色町池田後河22　0563-74-0053
富士見屋　一色町前野荒子15　0563-72-8227
一色町商工会　0563-72-8276

◉小饅頭（島田市）
清水屋　本通2-5-5　0547-37-2542
龍月堂　本通6-7847　0547-37-3297
みのや　本通2-4-10　0547-37-2846
稲葉屋　本通2-3-3　0547-36-1788
中村菓子舗　本通7-7739　0547-37-5658
七丁目清水屋　本通7-8416　0547-37-3436
宝家　本通4-4-9　0547-37-3830
島田市観光協会　0547-46-2844

◉木の葉パン（銚子市）
つる弁菓子舗　飯沼町1-24　0479-22-1144
藤村ベーカリー　新生町1-48-12　0479-22-1565
たか倉　飯沼町3-14　0479-22-0203
タムラパン　植松町2212-2　0479-22-6541
山口製菓舗　西芝町10-12　0479-22-4355（西芝店）
宮内本店　浜町5-4　0479-22-0898
堀井製菓　通町1897　0479-22-1329
徳屋　中央町15-2　0479-22-1202
伊東製菓　八木町3580　0479-23-8239
銚子市観光協会　0479-22-1544

P20-23 ■ インパクトお菓子

加賀菓子処御朱印　小松市八日市町34　0761-21-8311
総本家田中屋　半田市清水北町1　0569-21-1594
松浦軒本舗　恵那市岩村町西町809-6　0573-43-2329
かぶら煎餅本舗　桑名市南寺町15　0594-22-1394

P24-25 ■ 雪形お菓子

山岡屋　長岡市村松町2095-2　0120-280-915
奈良屋本店　岐阜市今小町18　058-262-0067
大杉屋惣兵衛　上越市本町5-3-31　025-525-2500
九重本舗玉澤　仙台市太白区郡山4-2-1　022-246-3211
行松旭松堂　小松市京町39-2　0761-22-3000
大和屋　長岡市柳原町3-3　0258-35-3533
寿々炉　弘前市田代町14-2　0172-36-2926
五郎丸屋　小矢部市中央町5-5　0766-67-0039

P26-27 ■ うさぎ二題

誠月堂　西蒲原郡弥彦村弥彦2565　0256-94-2168
寿製菓　米子市旗ケ崎2028　0120-178-468

P28-33 ■ すてきな地元菓子司

松華堂　半田市御幸町103　0569-21-0046
大阪屋　弘前市本町20　0172-32-6191
鶴里堂　大津市京町1-2-18　077-523-2662
木村屋本店　水戸市南町1-2-21　029-221-3418
花乃舎　桑名市南魚町88　0594-22-1320
美鈴　鎌倉市小町3-3-13　0467-25-0364

P34-37 ■ 遠近の飴

髙橋孫左衛門商店　上越市南本町3-7-2　025-524-1188
山屋御飴所　松本市大手2-1-5　0263-32-4848
菊水飴本舗　長浜市余呉町坂口576　0749-86-2028

P38-41 ■ カタパンを訪ねて

熊岡菓子店　善通寺市善通寺町3-4-11　0877-62-2644

P48-53 ■ 神戸舶来菓子からの使者

ハイデルベルグ　知多郡美浜町奥田東卯起11-2　0569-87-2552
マツヤ　新潟市中央区幸西1-2-6　025-244-0255
カーベー・ケージ　港区赤坂6-3-12　03-3582-6312

◉東京ドイツ菓子の店
東京フロインドリーブ　渋谷区広尾5-1-23　03-3473-2563
タンネ　中央区日本橋人形町2-12-11　03-3667-1781
リンデ　武蔵野市吉祥寺本町1-11-27　0422-23-1412
ヴァイツェン　ナガノ　港区西新橋1-17-6永野ビル　03-3591-0171
こしもと　中野区若宮3-39-13　03-3330-9047

P60-83 ■ 餅の旅

◉九州日向路　餅街道

｜参考文献｜

農文協編『聞き書ふるさとの家庭料理』農文協　2002〜2003
農文協編『日本の食生活全集』農文協　1993
『週刊朝日百科　世界の食べもの　日本編』朝日新聞社　1983
中山圭子著『事典和菓子の世界』岩波書店　2006
山本候充編著『日本銘菓事典』東京堂出版　2004

｜写真・イラスト｜若菜晃子

｜商品撮影協力｜髙橋修

｜ブックデザイン｜大野リサ

｜シンボルマーク｜久里洋二

「とんぼの本」は、美術、生活、歴史、旅を
テーマとするヴィジュアルの入門書・案内書の
シリーズです。創刊は1983年。シリーズ名は
「視野を広く持ちたい」という思いから名づけ
たものです。

とんぼの本

地元菓子《じもとがし》

発行　2013年5月30日

著者　若菜晃子《わかなあきこ》
発行者　佐藤隆信
発行所　株式会社新潮社
住所　〒162-8711 東京都新宿区矢来町71
電話　編集部 03-3266-5611
　　　読者係 03-3266-5111
ホームページ　http://www.shinchosha.co.jp/tonbo/
印刷所　大日本印刷株式会社
製本所　加藤製本株式会社
カバー印刷所　錦明印刷株式会社

ISBN978-4-10-602245-6 C0377

プリン
115円